子どもと
木であそぶ
樹木医が教える「木あそび」ガイド
岩谷美苗
Iwatani Minae
JN189532
東京書籍

子どもと 木であそぶ

樹木医が教える「木あそび」ガイド

岩谷美苗

東京書籍

はじめに

木が注目されるのは桜のシーズンぐらいで、後はさほど注目されません。しかし同じように見えても、個々の木には様々な特徴があります。昔の人は生きるために自然を観察し、試行錯誤して木を生活に役立てていました。その知恵に学び、試しにやってみると、思った以上に楽しく、その辺の木が宝に変わります。木の実を拾い、皮をむき、あくをぬいたり、煮たり、手間をかけた分だけできあがったときの充実感・感動は大きいです。「なぜこんなに楽しいの？　この感動は私だけ？」。この便利な世の中、時短ブームに逆行しています。

「やり方を知る」はそれで終わりですが、「やってみてわかる」からは次々に疑問がわき上がります。実際に時間をかけて挑戦することで、素材の木や、その疑問について対話するような感覚があります。そして「昔の人はこれを使った生活をしていたんだなあ」、「おーい昔の人、こんなやり方でできたよ！」と、昔の人ともつながったような気持ちになります。これは、未知の世界への探検だったのです。

意外にも（?）、すごく大変なことを助け合って一緒にやると、その人たちはとても仲良くなります。特に子どもの学びには、不便なことがよいように感じます。時短だと、いろいろな手順を省くので、誤解を生むことが多いのです。不便にも価値があります。

この本では、昔やっていたことを今風にアレンジしているあそびもありますが、木であそぶことで、木を知り、昔の生活に思いをはせ、挑戦した自分たちを褒めてあげたくなり、みんなが現在の木々と仲良くなれることを密かに願っています。少なくとも、身近な木が気になりはじめることでしょう。是非、子どもと一緒に材料の木をさがすところからはじめてみてください。

岩谷美苗

もくじ

【観察】

【クラフト】

【食】

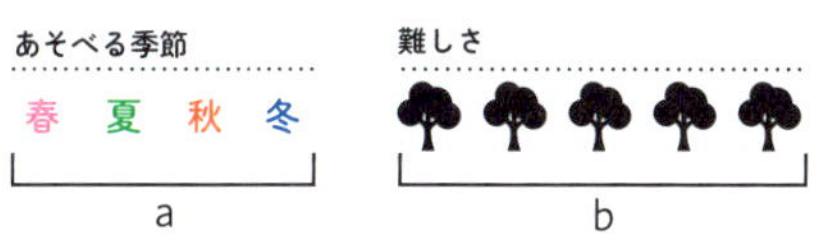

a-そのあそびができる季節を示しています。

b-そのあそびの難しさを５段階で示しました。

大人と一緒

このマークのあそびは大人と一緒にやることを推奨しています。

<安全性とアレルギーについて>

本書では、いくつかの植物を口に入れたり、食べるあそびを紹介していますが、これらについては必ずしも医学的に安全性が証明されているわけではありません。人によって異なりますが、アレルギーを発症する場合があり、アレルギーに関しては一概に「これは大丈夫」とは言うことができませんので、アレルギーに不安のある人は植物を口に入れたり、食べることはしないでください。触ったり食べたりして異変を感じた場合は、ただちにやめて洗浄し、医師や医療機関に相談をしてください。また、本書に掲載した情報は「あそび方」に関する情報であり、読者が各々に入手した材料の安全性を示す情報ではありません。各々が入手した材料によって生じた損害については一切の責任は負いかねますのでご了承ください。

木とあそぶためのこころえ

●都会にも生き物はすんでいる

都会でもハチや蚊などは、当然すんでいる。緑地などに出かけるときの服装は長そでで、長ズボン、帽子をかぶる。ハチなどはにおいが重要なメッセージなので、香りのする服は着ていかないほうが無難（無臭だからといって刺されないわけではないが）。ハチや蚊は黒によってくることが多い。黒い髪の頭を刺されることが多い。黒い服、黒い帽子はさけたほうがよい。ハチも好んで人を襲っているわけではなく、ハチの通り道を邪魔しないようにハチの動きや、巣がありそうな場所は常に気にしておく。気温が低いと虫は動けないが、冬でも暖かい日は油断禁物である。

●口に入れるものは全力で調べよう

本書ではいくつか植物を口に入れるあそびを紹介しているが、それぞれの植物は、たとえ目的の植物に似ていると思っても、念入りに確認すること。図鑑ならば２種以上、インターネット、人、すべてを駆使して全力で調べよう。植物をくれた家の人が「この木は○○だよ」と言っても、うのみにしないこと。確信が持てないときは絶対に口に入れない。自分で調べることで確実に木を覚えることができる。植物園に枝葉や花・実などを持っていき、聞くのは確実（葉1枚だけだとわからない木もあるので、葉のつき方、花・実・樹皮の写真など木の情報をできるだけ持っていく）。

●感覚を研ぎ澄まそう

ジュースやみそなどの発酵は、「いいにおい」、「腐ったにおい」を感じとることが重要。腐ったにおいがしたら食べずに捨てる。発酵に関しては素直に感覚を信じても割と大丈夫である。しかし、毒を持つ植物や毒キノコなどの中にはおいしいものもあるので、こちらは感覚を信じてはいけない。ノロウイルスなども味はわからない。

●自然はやさしくない

植物には毒を持つものがある。葉は食べられるのに実は毒という木もあり、一部が食べられるから大丈夫というものではない。ウメの実などは熟すまでは毒だが、昔からの加工方法で食べられる。アジサイやスズラン、スイセンなど、庭に植えられる園芸植物にも毒のあるものがあるので、よく調べ、安易に食べてはいけない。

●農薬がまかれているかどうかに注意

神社仏閣は最近人手不足で除草剤が頻繁にまかれているケースがある。口に入れる実や葉を拾うなら、落ち葉があり、いろいろな草が生えている放置系の場所がおすすめ。学校や公園は普通、除草剤などはまかないが、冬でもないのに一帯の草が茶色い所や、日が当たり雑草が生えてもおかしくないのに、コケしか生えていないのは怪しい（コケは除草剤が効かない）。農薬がかかると葉が変形するので、普通新芽の時期は農薬をまかないが、たまに変形した葉を見ることもある。

除草剤が新芽にかかった葉の変形（クワ）　除草剤をまいたあと

●虫はさけられない

木とあそぶためには虫はさけられない。しかし注意すべき虫は意外と少なく、ハチや蚊のほかは、ツバキの仲間につくチャドクガと、モミジなど広葉樹につくイラガだ。サクラにつくモンクロシャチホコは無毒で、サクラを枯らすほどの害もない。虫を殺す農薬のほうが毒。習慣的にまくと次第に農薬が効かなくなる。虫がきらいな子は、誰よりも早く虫を見つける天才である。虫は知ることで怖くなくなる。ほめて才能を育ててほしい。

ツバキの仲間にしかいないチャドクガ（かゆさに苦しむ）

広葉樹につくイラガの仲間（ぴりっといたい）

●木の生活を見よう

葉をたくさんつけ元気な木は、葉を少し分けてもらってもなんともないが、剪定を繰り返されている木、あるいは移植して元気がない木は葉を取るとさらに元気がなくなる。元気がなさそうな木からは葉は取らない。また、花を取るとかわいそうと思いがちだが、花や実を取って枯れる木はない。花を取ると自然界では繁殖の問題になるが、観賞用など人が育てている花にはその問題はない。観光地などでは毎年花をよく咲かせるために、花を取って実をならせないようにすることもある。自然界は同じ生き物が増えると減らそうとする力がはたらくので、たくさん同じものを植えていると病気や害虫が来やすくなる。また、元気がない木も病害虫を呼ぶ。元気なものは病害虫の対応ができるが、外来の害虫は対応がうまくできないことがある。風で花粉や実を運ばれるものは一般的に地味だが、花や実の色・形・香りはすべて虫や鳥などの動物へアピールするためのものである。いっせいに熟さず、運ばれる確率を上げ、花の蜜のないはずれもある（経費節約）。栽培された花や実のように均一ではない。したがって触ったりかいだり食べたりする感想は、まちまちになることもある。

●ご近所づきあいをして損はない

木とあそぶための材料を得るために（本来そんな下心でやるものではないのだが）、日ごろから挨拶をしたり、おすそ分けをしたり、ご近所づきあいをしておくことは重要。自治体の活動、祭りなどに積極的に参加するのもよい。学校や緑地のボランティア活動などで「子どもの自由研究で、アオダモの枝をさがしている」などと聞けば、口利きをしてくれる人が現れるかもしれない。このように、木あそびの材料を手に入れるためのネットワークを地道につくる。最近はSNSでわけてもらえることもあるが、樹種をきちんと見分けられる力が必要。もちろん材料をわけてくれた方には実験や観察の結果を知らせ、お礼をする。

木とあそぶための服装

基本的に、黒以外の長そで、長ズボンに帽子をかぶろう。くつは歩きやすいスニーカーなど。軍手とタオルか手ぬぐいを首に巻いたりして持っておくとよい。

木とあそぶための道具

採集道具
枝や葉、実を採集するときに便利な道具

ゴムがついているハードカバーのノート
葉を持ち帰るときに使う。ゴムつきは中の葉が出ないのでよい。

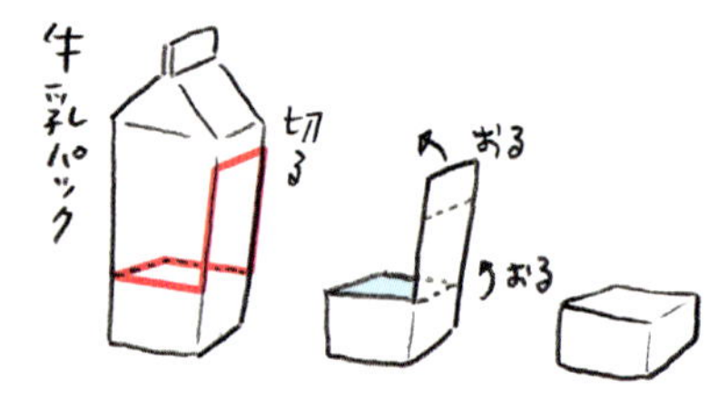

牛乳パックで作った箱
壊れやすい実などを入れる。大小作っておくと便利。

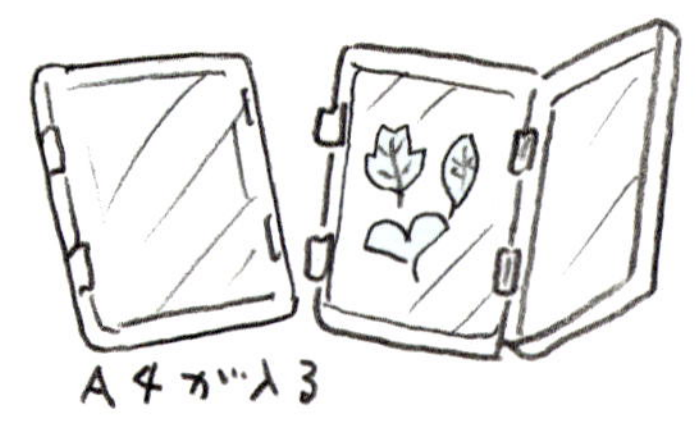

ファイルボックス
葉などを入れて持ち帰る。

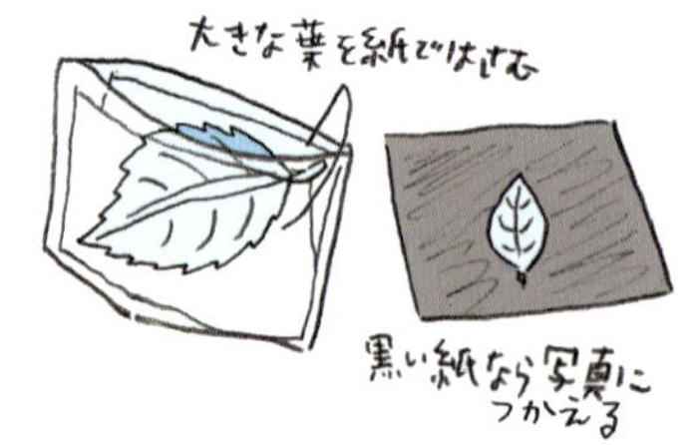

A3クリアファイルとA3の紙2枚
大きな葉などをはさんで持ち帰る。

その他に・・・ビニール袋（大・小）、ジップつき袋／実や種を拾ったときに入れる。

記録用具

カメラ
顕微鏡モードがあると冬芽なども楽しめる。位置情報つきで撮るとまた同じ場所に見に行けるが、SNSなどで公開するときは位置情報がないほうがよい。

地図またはスマホ
また訪れるための記録など。

作業道具

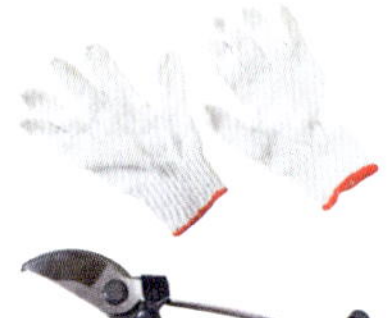

軍手 ｜ のこぎりや金づち、剪定ばさみなどで作業をするときは基本的に軍手をする。もちろん、採集のときにも使う。

剪定ばさみ ｜ 太い枝でもよく切れるものがよい。細い枝を切るだけなら、犬や猫の爪切りでもよい。

ペンチ ｜ どんぐりなどの実を割るときに使う。

木づち ｜ 枝をたたいて木の皮をむいたり、枝の髄（ずい）を取り出すときに便利。

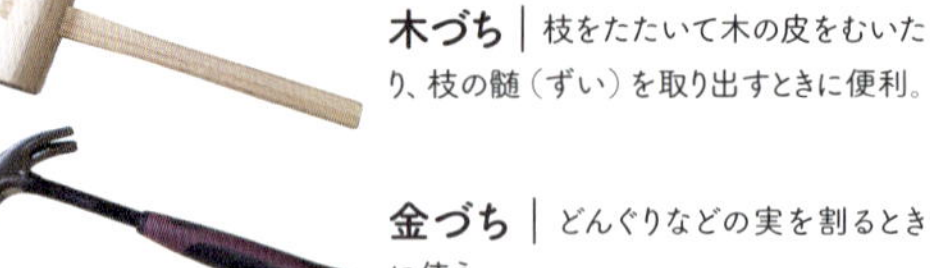

金づち ｜ どんぐりなどの実を割るときに使う。

小刀（切り出しナイフ） ｜ 小枝を削るのに使う。

ノコギリ ｜ 枝を切るのに使う。

作業用切り株 ｜ 直径20cm以上、高さ15cmぐらいのものが使いやすい。針葉樹は軽くて持ち運びが楽。近所で伐採、大きな枝を切るなどの行事があったら頼んでわけてもらう。

あそび

あそび
1

ペンがなくても葉に書ける

タイムラグで読める字書き葉

葉の裏に小枝やツマヨウジで字を書き、しばらくすると黒く変わる。葉に絵やメッセージをかいてみよう。

あそべる季節	難しさ
春 夏 秋 冬	★☆☆☆☆

用意するもの

・タラヨウ（セイヨウバクチノキ、トウネズミモチ、アオキ、シャリンバイなど）の葉
・ツマヨウジまたは小枝

木の見つけ方

タラヨウはハガキの木とも呼ばれ、郵便局や寺社によく植えられているので、頼んでわけてもらう。植物園などで葉をつけたまま字が書かれ、メッセージツリーのようになっていることもある。

あそび方

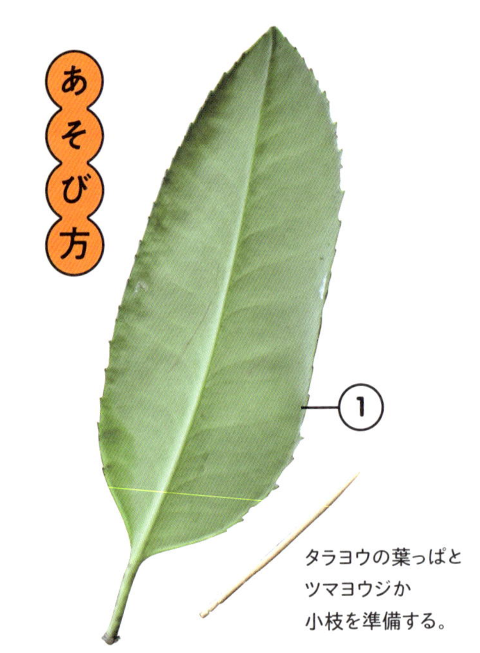

① タラヨウの葉っぱとツマヨウジか小枝を準備する。

② 葉の裏をツマヨウジか小枝でひっかいて字や絵をかいてみる。

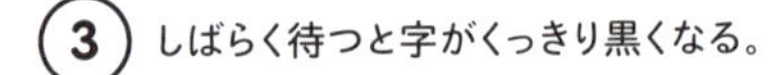

③ しばらく待つと字がくっきり黒くなる。

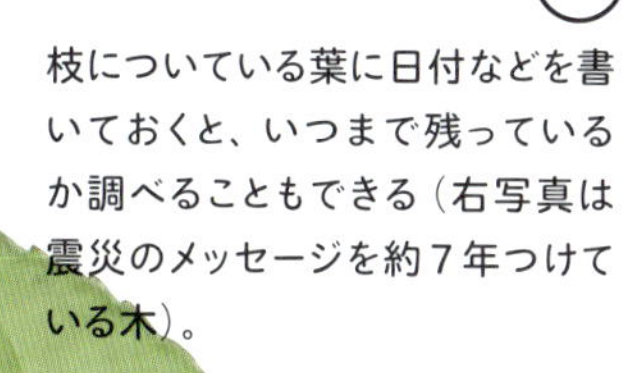

④

枝についている葉に日付などを書いておくと、いつまで残っているか調べることもできる（右写真は震災のメッセージを約７年つけている木）。

NOTE タラヨウの葉は新鮮な葉がよいが、取って冷蔵庫で保存すれば数週間使える。タラヨウ以外にも字が書ける葉はたくさんある。枝付きの葉に寄せ書きをして、メッセージカード代わりに花束と一緒にして送るのも一興。

木の豆知識

タラヨウ｜常緑樹で、雄雌別々の木、雌の木には赤い実をつける。葉が分厚くて、ノコギリのようなしっかりした鋸歯を持つ。葉に書いた字が黒くなるのは、酸化酵素がタンニンに働き、色素ができるから。

アオキ｜日陰でも生活できる木で、乾いた場所は苦手。雄雌別々の木で雌に赤い実がつく。フイリアオキは、葉に白いはんてんがついており、まるで宇宙の星空。葉は破けやすいが、変色は早い。

セイヨウバクチノキ｜たまに生垣などに使われる。葉は厚いので、書きやすい。字が少し茶色っぽい。

トウネズミモチ｜中国原産の木で、現在日本で増えている。さらさらの感触の葉の葉脈はすけていて、破れやすい。似ているネズミモチは葉脈がすけず、字を書いて変色するまで１時間ぐらいかかる。

タラヨウの実

あそび

2

くるくる回る種を飛ばそう

飛ぶ種キャッチ

風で種を遠くに運ぶために、種に羽をつけている木がある。種を飛ばしてアミでキャッチしてみよう。

あそべる季節	難しさ
春 夏 秋 冬	●○○○○

用意するもの

・トウカエデ、ユリノキ、シマトネリコ、イヌシデ、アキニレ（イロハモミジ、マツ、ボダイジュ、シンジュ）などの種
・虫取りアミ

■種の模型を作るとき
・折り紙
・はさみ
・クリップ

木の見つけ方

トウカエデは街路樹に多い。紅葉で美しいモミジ（イロハモミジ等）は公園などに植えられている。シンジュは街路樹もあるが、多くは雑草のように陽あたりのよい場所に生えている。

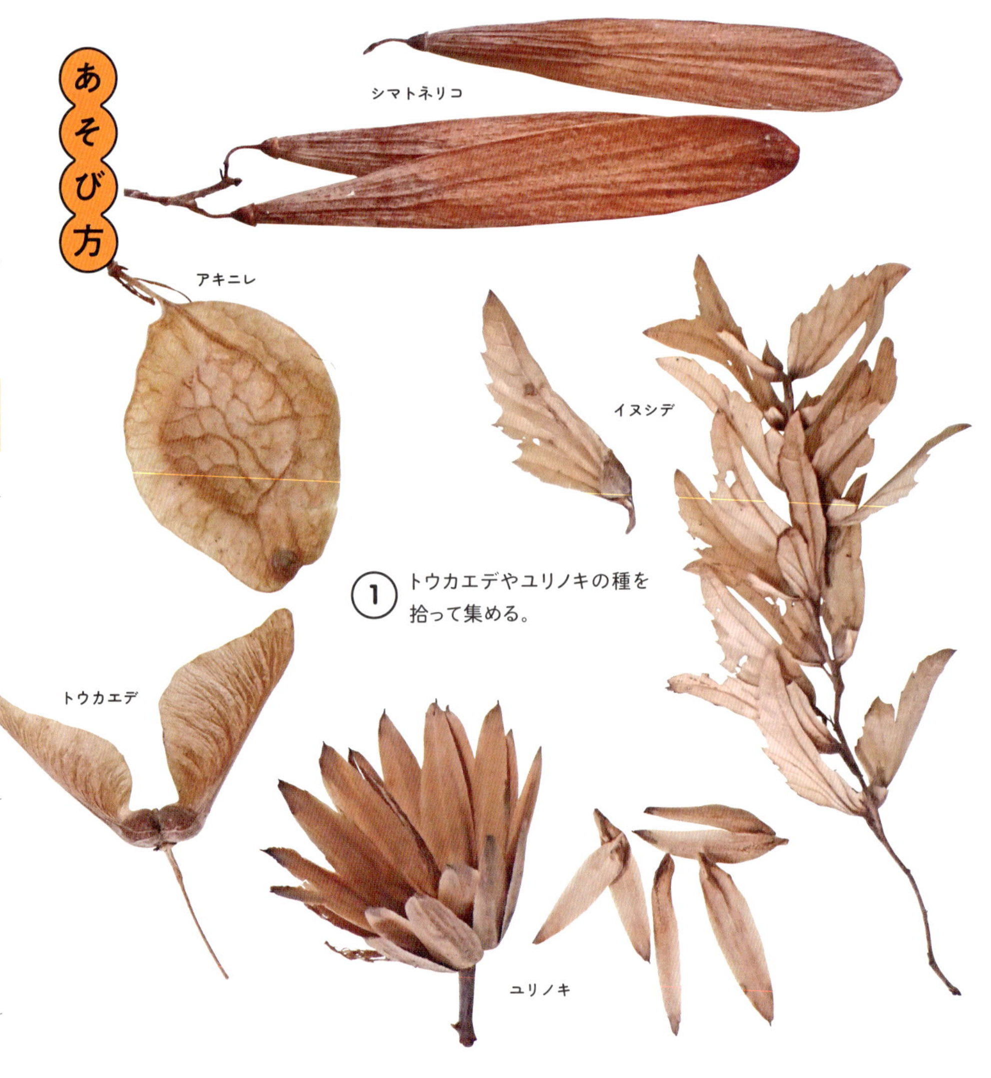

① トウカエデやユリノキの種を拾って集める。

② 少し高い所から種を飛ばし、その種をアミでキャッチする。

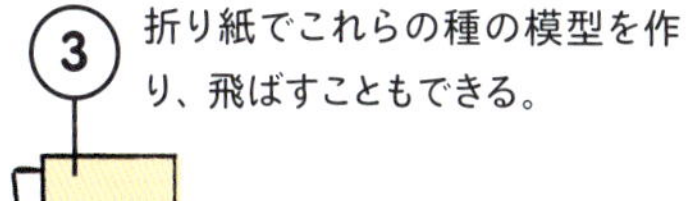

③ 折り紙でこれらの種の模型を作り、飛ばすこともできる。

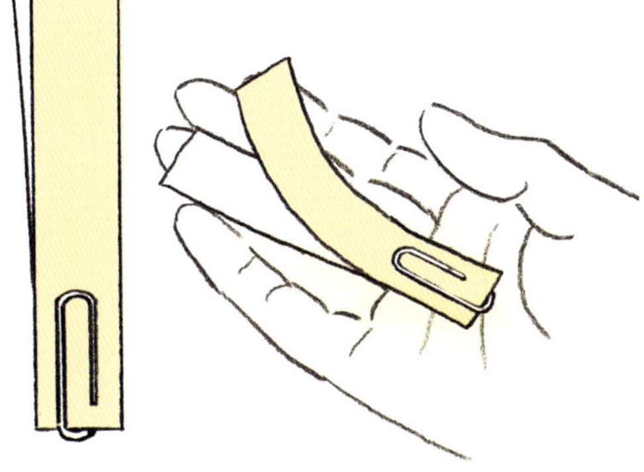

折り紙を1.5cm幅の短冊に切って、中心を少しずらして半分に折り、クリップをつける。
クリップの反対側を指で外側にそり返して完成。

NOTE 飛ぶ種を知らない小さい子はとても喜ぶ。種によって飛び方がちがうので、飛び方をよく見る。何個取ったか競争してもよい。シンジュやシマトネリコは発芽して増えると困るので、広い室内でやるなどする。

木の豆知識

シンジュ｜シンジュの種は羽の真ん中に種子があり、目玉のような形で、回転がおもしろい。

ボダイジュ｜ボダイジュはヘリコプターのような実。

コンクリートにこするだけ

お茶の実星人

まだ緑のお茶の実をごりごりコンクリートにこすりつけると、不思議な顔があらわれる。

あそべる季節	難しさ
春 夏 秋 冬	★☆☆☆☆

用意するもの

・チャノキの緑の実

木の見つけ方

お茶畑、公園、生垣などで植えられている。丸い種がたくさん落ちている。

1 丸みのある三角形のような緑の実を取る。

2 コンクリートなどで実をこすり、緑の皮を削る。

3 茶色い種が3つ出てきたら、それがお茶の実星人。

NOTE 秋に花が咲く頃には実がさけてできない（写真上左）。秋に緑の実はなくはないが、夏のシーズンを逃さないようにする。実を取るとき、葉にツバキの仲間だけにつくチャドクガの幼虫（毛にふれるとかぶれる）がいないか注意する。

木の豆知識

チャノキ｜中国・ベトナム・インド原産の常緑低木で、日本には奈良時代頃持ち込まれた。寒い所は苦手。秋の終わりに丸いつぼみが開き、白い花が咲く。花は黄色い雄しべが目立つ。葉は新葉が日本茶や紅茶、ウーロン茶になる。

あそび
4

今やると新鮮な昔あそび

葉っぱのビーサン

葉で草履を作ったら「ボクにもビーサンちょうだい！」と人気……。草履からビーチサンダルの時代到来！　ちなみに実際にはいて歩けません。

あそべる季節：春　夏　秋　冬
難しさ：★☆☆☆☆

用意するもの

・ツバキの葉
・はさみ

木の見つけ方

公園、寺社、庭などに植えられている。冬～春に赤い花が咲き、蜜をなめに鳥が来ている。

あそび方

① ツバキの葉を用意する。

② 葉を2つに折り、柄のある側にはさみで切り込みを入れる。これがハナオになる。

3

葉を開き、はさみの先でちょんと穴をあけ、柄を入れるとビーチサンダルのできあがり。

ホオノキのビーサンは、はけるがすぐ破れる

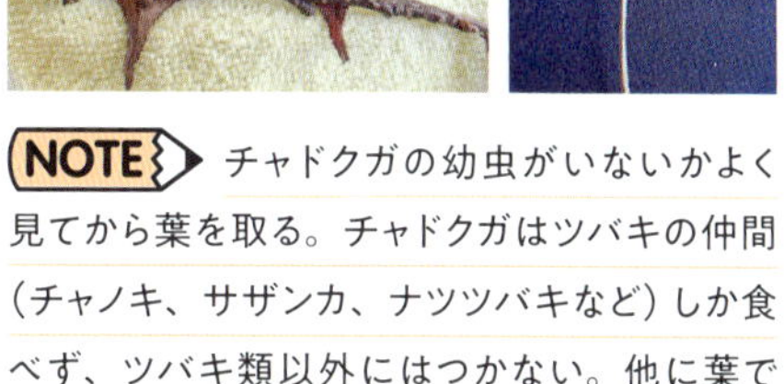

NOTE チャドクガの幼虫がいないかよく見てから葉を取る。チャドクガはツバキの仲間（チャノキ、サザンカ、ナツツバキなど）しか食べず、ツバキ類以外にはつかない。他に葉で作れるものとして、サクラのミミズクやイチョウのキツネ（上写真）なども簡単。

木の豆知識

ツバキ ｜ 本州から沖縄まで見られる。ツバキが赤いのは鳥に受粉してもらうためで、お礼の蜜は多く、花から垂れ落ちる。種からはツバキ油が取れ、高級食用油となったり、髪につけたりできる。

ツバキの実

あそび 5

みたらしだんごかキャラメルか

カツラの芳香剤

しょうゆ、カルメ焼き、わた菓子、みたらしだんご……葉が黄色くなると、なにやら甘い香りがただよってくる。

あそべる季節：春 夏 **秋** 冬
難しさ：★☆☆☆☆

用意するもの

- カツラの落ち葉
- 皿か箱など

木の見つけ方

公園・街路樹などに植えられる。秋に甘いにおいがただよってきたら、近くにカツラの木が立っている。

あそび方

1. 秋のカツラの落ち葉をできるだけ拾う。
2. 箱や皿に入れて部屋においておくとしばらくよいにおいが楽しめる。押し葉にすると香りが凝縮。

カヤの実の皮（仮種皮）

キンモクセイの花

カツラの葉

NOTE 葉によってあまりにおわないものもあるが、落ち葉を集めて、少し湿らせるとよいにおいがしてくる。キャラメル、わた菓子、しょうゆ、みたらしだんごのにおいといわれる。「秋の日だまりのにおい」と言った人もいる。緑の葉は甘いにおいはしない。芳香剤には他にキンモクセイの花やカヤの実の皮も（上写真）よい。個人的にカヤのにおいは仕事がはかどる気がする。

木の豆知識

カツラ｜古い（白亜紀～）植物で、花に花びらはなく、赤い雄しべや雌しべだけで、早春に枝が赤く染まって見える。雌雄異株で、花粉を飛ばし受粉する。さやに入った種も飛ぶ。黄色い落ち葉の香りは、マルトールという成分。

あそび
6

超難問だけど、幼児好み

樹皮パズル

初夏、木が太くなり、樹皮が落ちるシーズン。落ちた樹皮を拾ってどこから落ちたかさがそう。

あそべる季節
春 夏 秋 冬

難しさ

用意するもの

・樹皮がまだらにはげている木（ケヤキ、アキニレなど）

木の見つけ方

公園などにあるケヤキ、アキニレなどでできる。樹皮がまだらにはげている木ならなんでもよい。プラタナス、ナツツバキなども。

あそび方

1 樹皮がまだらにはげている木を見つける。

その木の周辺に落ちている樹皮がどこから落ちたものなのかさがす。

たぶん難しいので、落ちそうな樹皮を取り、「これはどこの樹皮でしょう？」と問題を出す。

親子や友達で交代して問題を出し合うと楽しい。

NOTE 落ちている樹皮は上のほうから落ちてきたものかもしれず、かなりの難問なので、落ちそうな樹皮を取り、あらかじめ答えがわかる問題を出し合うのがベスト。意外と根気よくさがす子もいる。根元の曲がった樹皮などでさがすと見つけやすい。

木の豆知識

ケヤキ｜ケヤキは太くなると樹皮がまだらにはげるが、若木のうちはすべすべの樹皮。葉はよくムクノキと間違えられるが、葉の切れ込みの形が規則正しく特有な形。種を飛ばすために小さな葉をつける。

アキニレ｜秋に花が咲くからアキニレと呼ばれるが、いつ咲いたかわからないぐらい存在感がない。ケヤキよりパズルのピースが小さく、難解かもしれない。

ケヤキの葉

あそび

7

頼れる自分の木

大木ハグ

大きな木をハグしてみたら、あったかい？　つめたい？　木の体温を感じよう。

あそべる季節	難しさ
春 夏 秋 冬	

用意するもの

・大木（プラタナス、サクラ、ケヤキ、シラガシ、イチョウなど）

木の見つけ方

寺社や公園の大きな木をさがす。国や県、市町村に指定された名木があるので、地元の名木をたずねてみる。

あそび方

1 柵などされていない、近くにいける大きな木を選ぶ。

2 照れることなく、抱きつく（木にグチを聞いてもらう人もいる）。

やっぱり
長老がおちつきます

③

だんだん自分の抱きつきやすい木が決まってくる。

④ 天気の良い日に木に抱きつく。

サクラ

NOTE カラマツの樹皮はチクチクしてくるので、ハグにはむかない。樹皮が薄い木（サルスベリ、ヒメシャラなど）はつめたいので、夏にはいいかもしれないが幹は細い。コルクが厚く、樹皮が厚い木はあったかい。何でもない木を勝手に自分の木にしていたら、ある日伐採され、通るたびにさびしいこともある。

木の豆知識

イチョウ ｜ 恐竜の時代に全世界に生えていたらしい。葉の葉脈は途中で二叉に分かれている。二つに分岐する形は昔の植物の特徴。枝や幹にある乳と呼ばれる気根も不思議。

プラタナス ｜ 落ち葉を見ると柄がキャップのようになっている。葉柄内芽といって、柄の中で芽が作られる。樹皮はまだらにはげ、迷彩色。実はゴマ団子のよう。プラタナスというのは総称で、日本には3種類ある。

イチョウ　　プラタナス

あそび

8

お肌にオリーブのうるおい

つぶして ハンドオイル

オリーブオイルを取るにはたくさんの実が必要だけど、手にぬるだけなら1つぶで十分。

あそべる季節	難しさ
春 夏 秋 冬	

用意するもの

・オリーブの実（1つぶ）

木の見つけ方

白っぽいような緑の葉の木をさがす。住宅、公園、教会などに植えられている。

あそび方

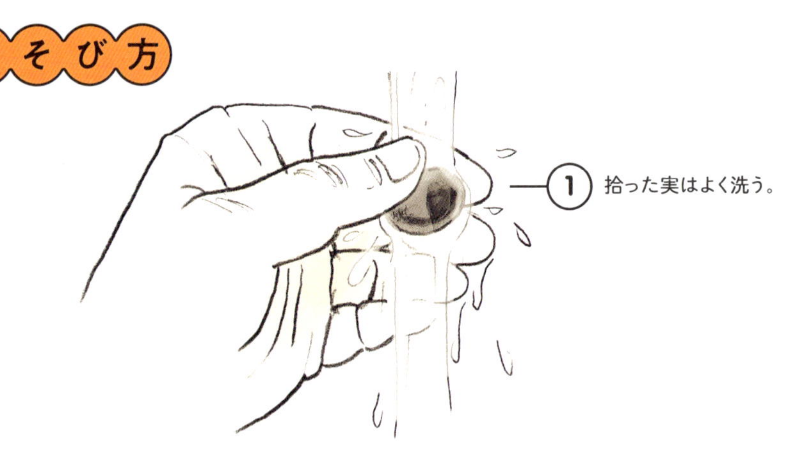

① 拾った実はよく洗う。

② 手で実をつぶし、果肉を手にぬる。

しっとり…

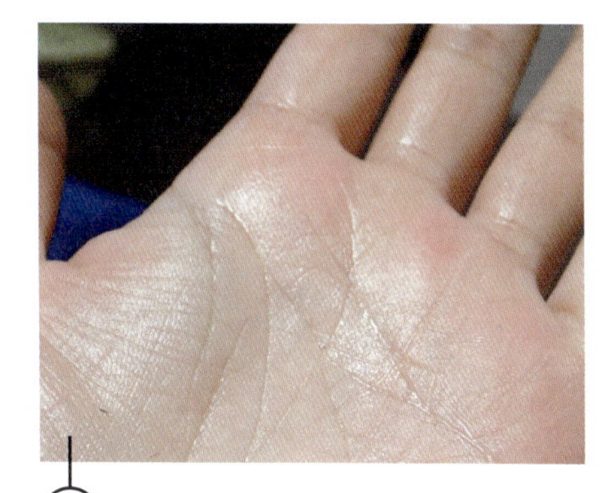

③ 水で手をゆすぎ、タオルでふくとしっとり。

NOTE オリーブの種はとんがっている部分があるので、やさしくつぶす。黒く熟した実がつぶしやすい。リンゴのような香りがする。冬に実を取りに行ったら、たくさんの鳥がいっきに食べ、1個もないこともある。

<オリーブオイルの作り方>　種を取り果肉をよくつぶし、ガーゼに包んでしぼり汁を容器に入れる。暖かい部屋でしばらくおくと果肉が沈殿し、油が浮くので、上澄みの油をスポイトで取る。たくさんの実からちょっとしか取れないが、市販の物とは全く違う香り。

木の豆知識

オリーブ｜地中海原産の木で、関東より西に植えられる。かたい小さな葉をつける常緑樹。実は油をふくんでおり、オリーブオイルが取れる。ただ、実はそのまま食べるとまずい。材は印鑑、まな板などに。

あそび 9

高級なロウ

イボタロウで敷居ぬり

枝に白いキリタンポみたいなのがついていたら、それはイボタロウ。この白いロウで戸のすべりを良くしよう。

あそべる季節　春 夏 秋 冬

難しさ

用意するもの

・イボタロウ(イボタノキ・トネリコの仲間・ネズミモチ・ヒトツバタゴなどにつく)
・ティシュペーパー
・掃除機

木の見つけ方

イボタノキにライラックを接いだ苗を植えるので、いつのまにかライラックがなくなり下からイボタノキになる主役交代がおこるので、ライラックが植えられた公園などをさがす。トネリコの仲間は最近、庭によく植えられる。ヒトツバタゴはなんじゃもんじゃの木といわれ、人気スポットになっている。ネズミモチ、トウネズミモチは公園などに見られる。

あそび方

① イボタロウをティシュペーパーに少し取り、家に持ち帰る(写真は枝がもらえたが、枝は切らずイボタロウだけ持ち帰る)。

② 開け閉めしにくい障子または引き戸の敷居に①のロウをこすりつけ、みがく。

③ 戸がスムーズに開け閉めできればグッド。

④ 白い粉が落ちて散乱するので、終わったら掃除機で吸う。

イボタノキ

NOTE イボタロウは昔は丸薬のコーティングや止血剤にも使われ、今でも高級なロウとして売られている。運よく見つけたら昔の人が戸の敷居をみがいたようにやってみよう。ロウの中にはイボタロウムシの羽化殻などが残る。

木の豆知識

イボタノキ｜北海道から九州まで見られ、日本在来の木。だ円の葉で、先端の葉が大きい。白い花が咲く。ライラックの台木として使われるが、いつのまにか主役を交代していることがある。

イボタロウムシ｜イボタロウムシはアオダモなどのトネリコの仲間にもつき、昔の人はこのロウを戸の敷居にぬり、すべりをよくした。戸にぬるから「トネリコ」となったそうだ。「なんじゃもんじゃの木」といわれるヒトツバタゴや、ネズミモチにもつく。イボタロウムシは、雌は黒くてまるく、雄は羽がある。梅雨前ぐらいに枝の卵から生まれ、雄はたくさん枝についてロウ物質を出してその中でさなぎになり、成虫となって出ていく。1年に1回発生する。カイガラムシの仲間は害虫と嫌われるが、木を弱らせるほどの力はなく、人の生活の役に立つ。

イボタロウムシ

木のコラム①

人の顔や動物みたいな木をさがそう

顔認証をさがす

顔っぽく見える木は、昔の携帯だと顔認証することがある。

木と踊る

踊っているような木といっしょに踊って写真を撮ってみるのもおもしろい。

おもしろい木を撮影

木は形を見るといろいろなことがわかる。公園や学校などの木で、おもしろい形の木を見つけよう。ミズキ、イイギリ、アオギリは顔がよく見つかる人面樹。気になる木を見つけたら、ニックネームをつけ、写真を撮って、どうやってこんな形になったのか推理してみる。おもしろい木は見つけようとすれば意外と見つけられる。柔らか頭が大事。子どもはたくさん見つけるが、大人になるほど見つけられなくなる。大人は無理に見つけなくても子どもに見つけてもらえばいい。

枝と幹が太くなるにつれ樹皮がはじき出される部分（ブランチバークリッジ）があり、枝がなくなるとこれが上まぶたに見え、まるで目のようになる。同じ場所から枝が何本か出る以下の木は、目が2つそろい、顔になる。

ミズキは早春に枝を切ると、水がしたたり落ちる。水が出るから水木となり、火事にならないように植える風習もあったようだ。

イイギリは本州以南で見られる。ヤナギ科の雌雄別々の木。雌の木に赤い実がなり、中に小さい種がたくさん入っている。赤い色は鳥に運んでもらうための色。昔、葉にご飯をのせたといわれる。

アオギリは樹皮が緑色、大きな葉と材がキリに似ているので、アオギリ。中国では鳳凰の止まる木という言い伝えがあり、英語でフェニックスツリー。

A あんぐり（マツ）
B かねごん（クスノキ）
C 少女マンガの目（ソメイヨシノ）
D 猫またはブラジャー（アオギリ）
E 足湯（ケヤキ）

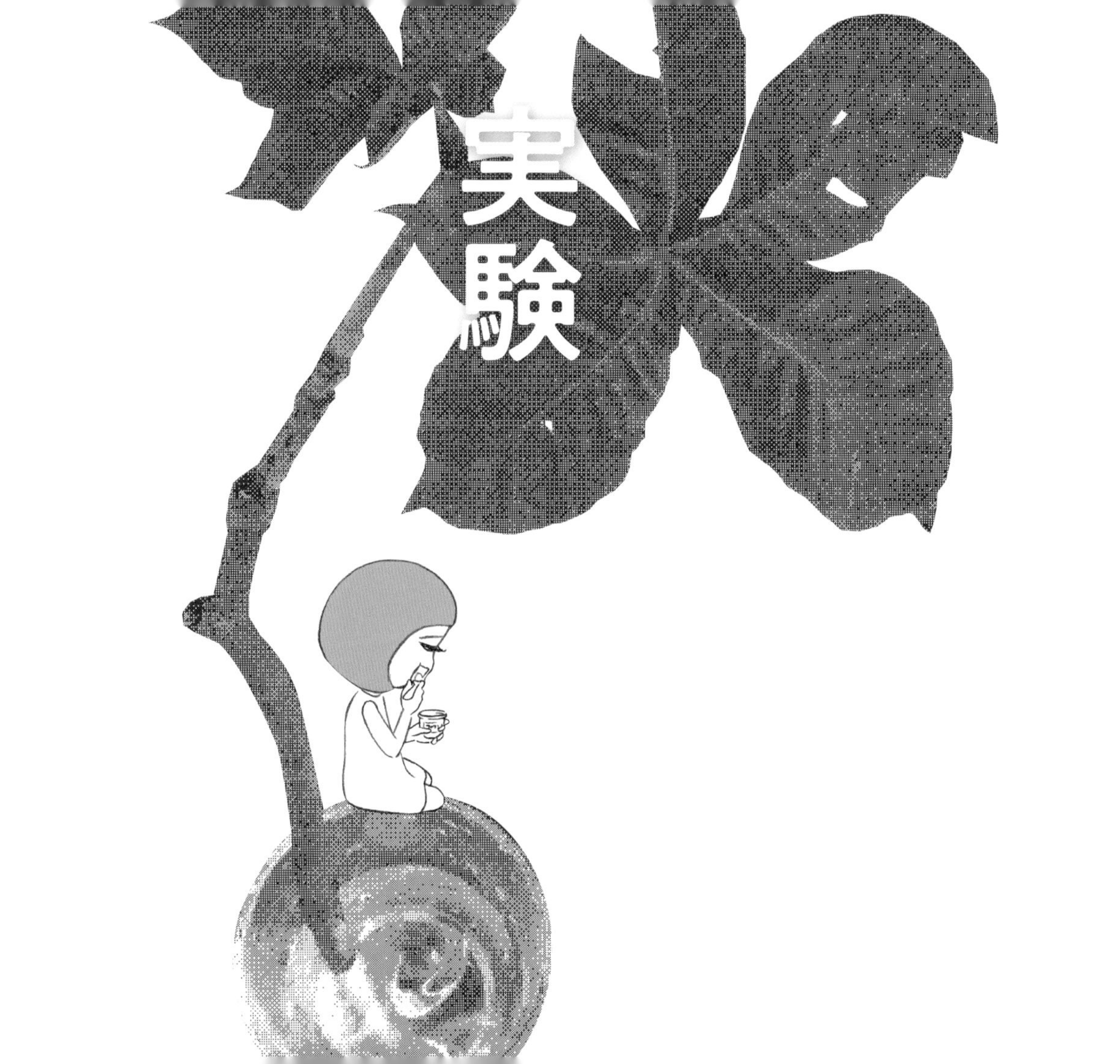
実験

実験 1

みんなビックリ青く蛍光する樹液

枝の蛍光ペン

UVライトをあてて水にアオダモやトチノキの枝をさすと、青く蛍光する液体が出てくる。枝の蛍光ペンで絵や字をかいてみよう。

あそべる季節
春 夏 秋 冬

難しさ

用意するもの

- アオダモ、トチノキなどの枝
- 剪定ばさみ
- UVライト（100円ショップで売っているシークレットペンでもよい）
- コップかペットボトル（がらがなくて透明なものが見やすい）
- 水
- 紙（安いコピー用紙がよい・ぬり絵もコピーすると蛍光の発色がよい）

木の見つけ方

アオダモは最近、庭木として植えられている。山にはマルバアオダモなどが見られる。トチノキは街路や公園にあり、剪定しているときなどにもらったり、台風で折れた枝を拾う。乾いた枝でも水で湿らせてビニールにつつんで数時間おくと樹液が出てくる。

① 薄暗い場所を選ぶ（真っ暗でなくても見える）。

② コップに水を入れ、UVライトで照らしながら、枝を水に入れると、もやもやと蛍光色の樹液が出ているのが見える。ライトをあてないと何も見えない。写真はトチノキ。

あそび方

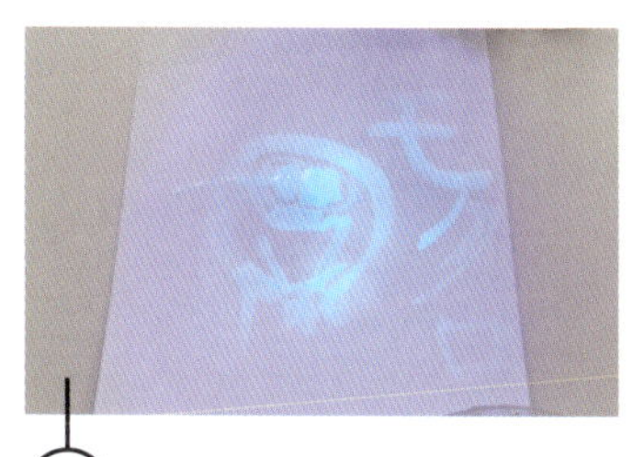

3 枝に水を少しつけて、紙にかく。

4 蛍光色が出なくなったら、剪定ばさみで枝の先端を切るとまた出る。

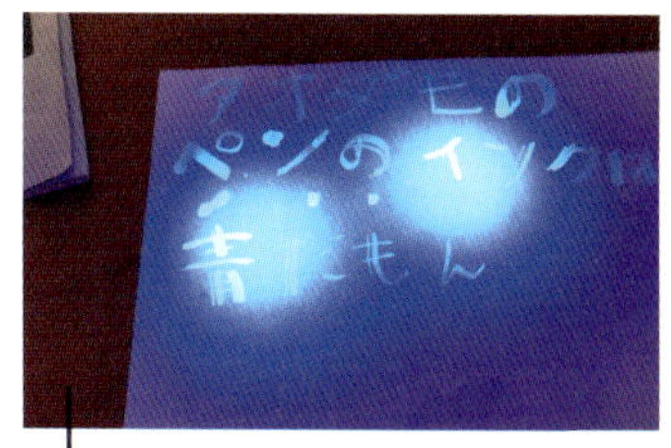

5 一見なにもぬってないような紙にUVライトをあてると、蛍光色が浮かび上がる。ぬり絵に蛍光色をぬるのも楽しい。

アオダモ

NOTE 明るいと見えず、薄暗い場所がよい。枝を切り刻んで水に入れると茶色くなり、青い樹液は見えない。枝が乾いても、水で湿らせてポリ袋に入れ、しばらくおくと樹液が出るようになる。UVライトの光は有害なので、目や皮膚、人にあてない。アオダモの他にもトチノキ、マルバアオダモなども蛍光色の樹液が出る。シマトネリコ、オリーブ、ニセアカシア、アジサイ、アカメガシワなども蛍光物質が出るが、量が少ないためペンには向かない。

木の豆知識

アオダモ｜モクセイ科トネリコの仲間で、材は野球のバットになる。春に白い花が咲き、飛ぶ種ができる。冬芽が青白く粉をふいた感じ。羽状複葉（複数の葉がセットで1枚）。青い樹液は何かははっきりとはわかっていないが、体をつくる過程でできる物質（カフェー酸の変化したもの）ではないかといわれる。蛍光物質自体は植物にとって珍しいものではなく、いろいろな植物に含まれている。ちなみにUVライトは「猫のおしっこさがし」として売られているが、おしっこのビタミンB_2が光り、アオダモとは別物。

トチノキ｜「モチモチの木」のモデルの木。天狗のウチワのような大きな葉をつけ、実はトチ餅などになる。花は華やかで、蜂蜜も取れる。ホオノキとよく間違えられるが、葉にギザギザがあり数枚がセットの葉がトチノキ。

実験 2

泡立ちのよい昔の洗剤

ムクロジの洗濯あそび

ムクロジの木がある場所は、昔の人たちがおしゃべりしながら洗い物をしていた場所かも。

あそべる季節
春 夏 秋 冬

難しさ

用意するもの

・ムクロジの実（2こぐらい）
・ペットボトル（500ml）
・水（100mlぐらい・多すぎると泡立ちが悪い）
・小さい布
・クーピーペンシル・炭など（布を汚すもの）
・さいばしなどの長い棒

木の見つけ方

寺社、川のそばなどによく植えられている。秋〜春に実が落ちる。未熟な実でも泡立つ。

あそび方

1 布にクーピーペンシル、炭などで絵をかいて、汚す。

2 ムクロジの実を足でふんだりして、中の黒い種を取る。

3 ペットボトルに水を入れ、汚した布と実のカラを入れ、しっかりふたをする。

④ シェイクして、数分泡立てる。

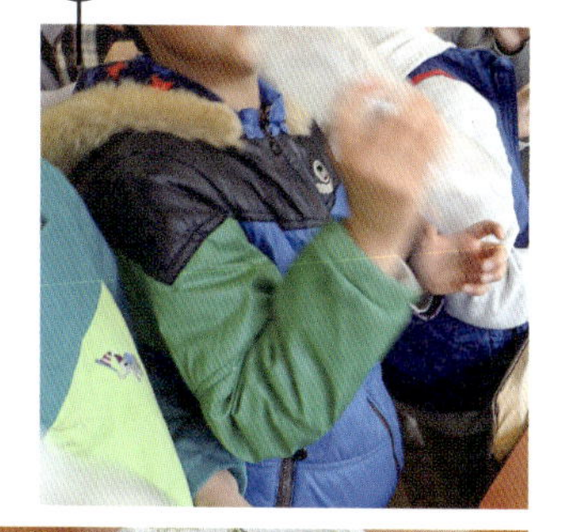

⑤ 布をさいばしなどの長い棒で取り出し、水でゆすいで汚れが落ちたか見る。

⑥ 汚れが落ちてなかったら、もう一度もどしてシェイクする。小学生はシェイクしながら、ほぼおどり出す。

NOTE 水温により汚れの落ち方がちがう。ペンや口紅などはあまり落ちない。炭やクーピーペンシルなどはほどよく落ちる。洗剤の半分くらいの洗浄力はあるといわれ、油汚れもまあまあ落ちる。汚れが落ちることがゴールというより、昔の生活に思いをよせることが大事。

木の豆知識

ムクロジ｜羽子板の羽根にはムクロジの黒い種が使われるが、実の皮はサポニンを含み、洗剤として使われた。今でも海外でムクロジ石鹸やシャンプーが売られ、使われている。洗剤には他にサイカチのさややエゴノキなどがあり、洗い物をする水場に植えられた。サイカチで服を洗うと茶色く染まり、今と昔の違いを感じる。

エゴノキの実

サイカチの若い実

実験

3

大人と一緒

明るいって、すごいことだね

あかりをつける灯心

枝の中の白い髄（ずい）は、昔の灯心。油にひたした芯をずらしてあかりを保っていた。夜に明るいのはかなりの贅沢。

あそべる季節：春　夏　秋　冬

難しさ

用意するもの

- アジサイの枝
- 木づち
- 剪定ばさみ
- サラダ油
- アルミホイル
- 皿
- ライター

木の見つけ方

公園、寺社、学校、庭などに植えられる。近所のおうちや友達の家など植えている人に枝をもらう。

あそび方

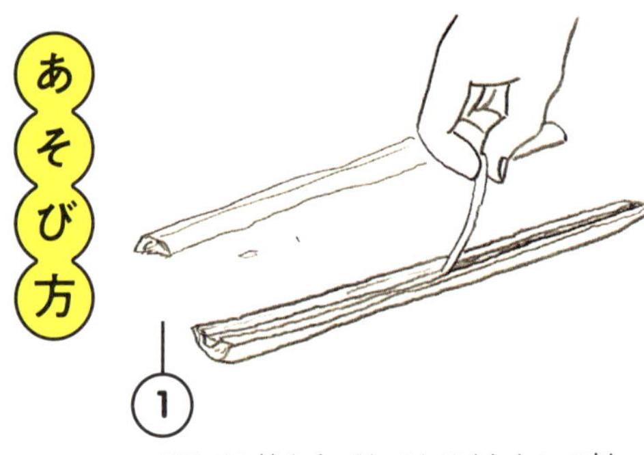

① アジサイの枝を木づちでかるくたたいて割り、中の白い髄をできるだけ長くとる（木づちが難しかったら、枝を5cmぐらいの長さに切り、剪定ばさみで切れ目を入れて、半分にさいて、髄をこそげ取る）。

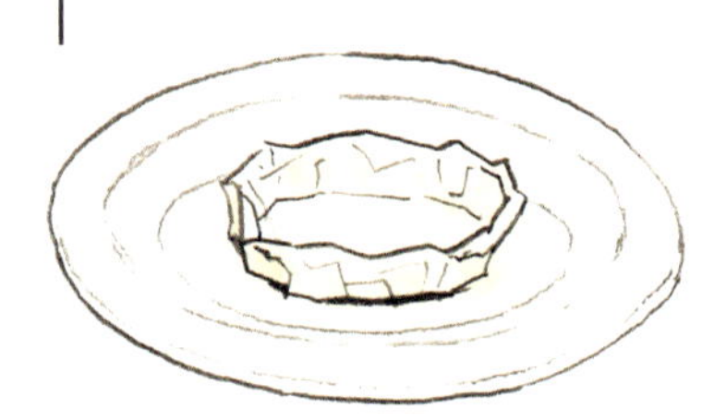

② アルミホイルで小さな皿を作り、皿の上におく。

③ ②のアルミホイルにサラダ油を入れ、①の髄（灯心）を油にひたす。

④ ③の灯心を油から少し出して、火をつける。かならず大人の人につけてもらうこと。

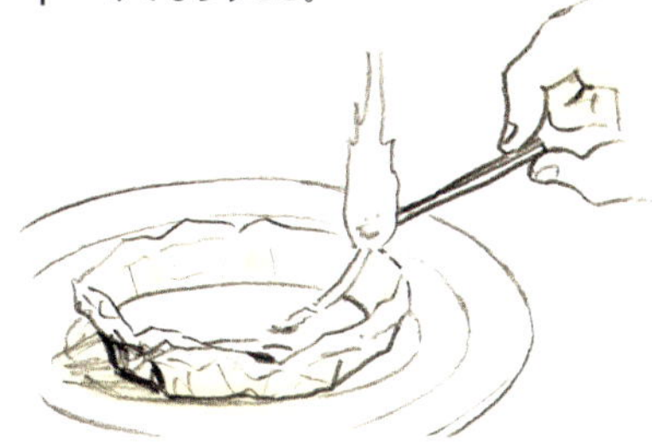

⑤ 火が灯心を燃やし、油までいくと消えてしまうので、常に芯がすこし油から出るように手でずらす。

NOTE 油に直接火がつくのではなく、油から出るガスが燃えているので、油から芯を出さないと火は消えてしまう。つきっきりで芯をずらさないとすぐに火は消える。火がついた皿を持ち歩くなどは、危険なのでやらない。

木の豆知識

アジサイ｜ガクアジサイが元となった日本原産の園芸植物。ガクアジサイは、装飾花が周りにあり、中央に小さな花が集まって咲く。花びらに見えるのはガクで、虫を呼ぶ飾り。ちなみにアジサイの葉は有毒。灯心には他にイグサの花枝やヤマブキの枝の髄が使われた。

実験

4

飲み水としては少ないけど

蒸散ウォーター

木は根から吸った水のほとんどを葉の裏から出している（蒸散）。その水を袋をかけて集めてみよう。

あそべる季節

春 夏 秋 冬

難しさ

用意するもの

・庭などの木
・大きなビニール袋
・ひも
・計量カップ
・温度計

木の見つけ方

庭の木などでやる。学校や公園などでは許可を取ってからやる。植木鉢の木や草でもできる。

あそび方

① 朝、枝にビニール袋をかぶせてひもでしばる。

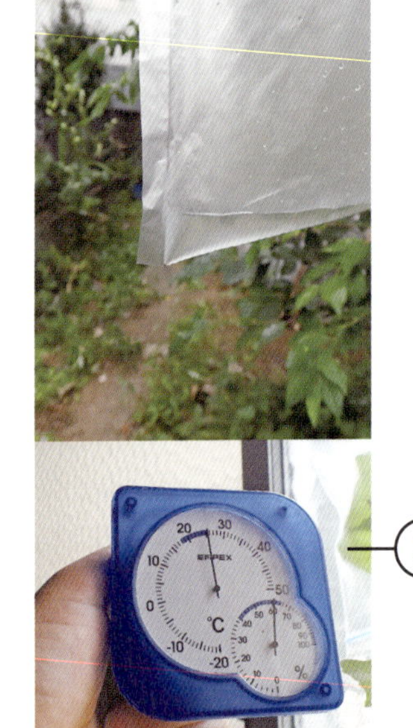

② 袋がくもって、袋のすみに水がたまるのを観察する。温度を記録する。
著者が実験したときは、気温35℃で30Lの袋をかけ、針葉樹で20ml、広葉樹で50mlだった。

③ 葉にジッパーつきの保存袋をかけて簡単に観察することもできる。蒸散量は、草>広葉樹>針葉樹の順で、草が一番多く、針葉樹は少ない。広葉樹の中でも成長の早いユーカリなどは蒸散ウォーターが多く取れるようだ。

飲めるくらいの量の水を取るためには、5カ所ぐらいに袋をかけて集め、かならず煮沸する

④ 昼以降はほとんど蒸散しないので、昼で袋をはずし、水がどれくらい出たか計量カップではかる。

NOTE 暑くて晴れた日に蒸散が多い。雨の日はさける。おもに蒸散を行うのは午前中だけなので、朝早くからはじめる。鳥のフンなど落ちていない枝を選ぶ。ジッパーつきの小さな袋で葉っぱ1枚から観察することもできる。また、木がたくさんあるところは葉から水が出ているので、涼しいはず。暑い日に木陰と日向で温度を比べてみよう。木は葉で光合成の最適温度25℃に下げようとしている。

実験

5

甘さだけ感じない

ナツメマジック

ナツメの葉っぱをかじって甘いものを食べるとあら不思議、甘くない！　甘さだけ消えて、ほかの味はわかるミラクルな葉。

あそべる季節　春　夏　秋　冬

難しさ

用意するもの

・ナツメの葉（ケンポナシの葉でも）
・甘いもの（アメ、砂糖、プリン、まんじゅう、マドレーヌ、コンペイトウ、わた菓子など）

木の見つけ方

公園、学校などに植えられ、種が落ちてたくさん芽生えている。秋に赤茶色の実を確認する。街路樹でも植えられることがあり、剪定時に葉をもらう。

あそび方

① 用意した甘いものを少し味わい、甘いことを確かめる。

② ナツメの葉１枚をよく洗い、よくかんで葉のエキスを口の中にいきわたらせる。結構にがい。かんだ葉はティシュペーパーなどに出して捨てる。葉を飲み込んでも毒ではない。

③ あまり間をおかずに①の甘いものを食べる。甘さだけを感じなければ成功。アメは石、砂糖は砂。まんじゅうやプリンは甘さがなくなるとしょっぱかったり、マドレーヌはレモンの味だったりする。コンペイトウは石から砂になる食感で、かなり残念な食べ物になる。

NOTE ナツメの葉かどうかは詳しい人に聞いて、確かめてから試すこと。葉は1枚で十分で、すぐに味覚はもとにもどる。たくさんかむとしばらくもどらないのでやめたほうがよい。甘いというイメージが強いもの、甘さ以外の隠し味があるものがおもしろい。

木の豆知識

ナツメ｜春、葉が開くのが遅く、夏に芽が開くので夏芽。葉は小型で、葉脈が3本にわかれ、光沢がある。低い枝にはトゲがある。ナツメは中国～西アジア原産。実はすかすかで、リンゴ味だがおいしいとはとても言い難い。

実験 6

大人と一緒

平安時代のすいーつ

あまづら作り

平安時代の貴重な甘み。ツタのつるを吹いて樹液を集める。量を作るのは相当大変だが、報われるおいしさ。

あそべる季節　春　夏　秋　**冬**

難しさ

用意するもの

- ツタのつる
- ノコギリ
- 剪定ばさみ
- コップ
- ガーゼ
- ラップ
- 小さい鍋

木の見つけ方

庭や学校の塀などに見られる。緑地では他の木をおおっているツタも見られる。

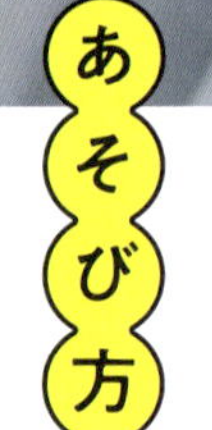

①ツタが落葉している間（12月～3月）に、太いつるを切り、ざっと泥や気根を落とす。樹液が出る直径約1cm以上のつるを選ぶ。

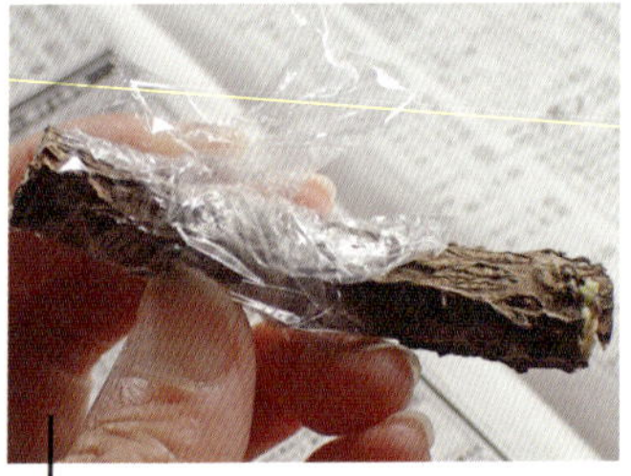

②つるを5cmぐらいの長さに切り、口をあてる場所にラップを巻く。

③コップにガーゼをかぶせ（ガーゼをかぶせないとゴミが入る）、ガーゼの上に樹液が落ちるように②を口にくわえ吹くと、先からぽたぽた樹液が出る。強く吹かなくても出る。泡がぶくぶく出たらおしまい。

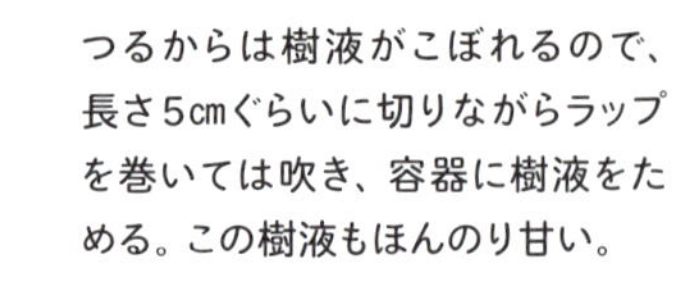

④つるからは樹液がこぼれるので、長さ5cmぐらいに切りながらラップを巻いては吹き、容器に樹液をためる。この樹液もほんのり甘い。

NOTE 常緑のキヅタ（ウコギ科）とツタ（ブドウ科）は種が全く違うので、間違えないようにする。口の粘膜をいためる可能性があるため、つるの切り口を直接なめたり吸い込んではいけない。口をあてるところにラップかテープをしっかりまく。ツタのつるを切った切り口が乾くと樹液は出なくなってしまうので、一気に作業をする。細いつる（0.5cm以下）では樹液は出ず、3年以上たっている枝がよい。太いほどたくさん出る。つる400g（直径1～2cm、長さ1.5mぐらい）から10mlの樹液が取れたが、煮詰めると本当にわずかな量になる。平安時代にもあったというかき氷にかけるとしたら、つる4kgで100mlを煮詰めて20mlでかき氷1杯分？　かなりのつるの量と手間が必要。

木の豆知識

ツタ｜ブドウ科の落葉性のつる植物で、ウコギ科の常緑のキヅタ（フユヅタ）に対して、ナツヅタとも呼ばれる。小さい葉と大きい葉2種類の葉がある。壁に吸いつく吸盤と、骸骨のような短枝が目印。緑の花が咲き、ブドウのような実がなる。平安時代、つるの樹液（みせん）を取り、煮詰め、砂糖の代用品（あまづら）として使われ、かき氷にもかけていたそうだ。一般的に、木は冬に凍らないように体の中の糖度を高めるので、寒い場所のツタが甘いと思われる。この糖は葉を出すために使われるので、葉をたくさん出す時期は甘くないので不適期。

5 集めた樹液を鍋に入れ煮詰める。樹液が少量の場合は、電子レンジでも可能だが、液があふれることもあるので、おすすめしない（本来なら1/5程度まで煮詰めるようだが、1/2程度でも結構甘い）。

6 なめる程度の量しかできないが、味見をする。

木のコラム②

キャンプ場でやろう――いろいろな着火剤

マツボックリ

マツボックリは持ち運びしやすい燃料。マツは公園、山の尾根、海岸などに見られる。1年中拾えるが、台風の後などたくさん落ちている。何個でどのくらいのお湯が沸くか試してみよう。マツボックリは乾いているものがよく、下のほうに火をつける。マツボックリには樹脂がふくまれているので、長く火が燃える。

ヤニ

針葉樹が出す水あめのようなヤニは、べたべたしていてよく燃える。松からヤニが出てがかたまって落ちているものを拾う。かまどに小枝の束を準備し、その下に松ヤニをおき、火をつけて、たき火をつくる。マツなどの針葉樹が持つヤニは木にとっての虫よけ。穴を虫に開けられたらすぐにヤニを出して、虫がそれ以上よりつかないようにしている。マツは樹脂道という場所が最初からあるが、スギやヒノキは傷ついてから急きょ樹脂を作る。高地に生えているシラビソは虫のいる暖かい季節、水ぶくれのようなヤニツボを作り、つぶすと中からヤニが流れる。

シラカバの樹皮

シラカバは学校や住宅に見られ、うすい紙の束のような樹皮。山登りをすると樹皮が拾えることもある。樹皮を乾かし、たき火をつくる。シラカバに限らず、カバノキ科の樹皮はよく燃える。シラカバの枝は3年目から白くなる。植えられているのは樹皮の白い品種なので、山のシラカバはそんなに白くなかったりする。山にはシラカバに似たダケカンバという木もあり、はげかけた肌色の湿布のように樹皮が垂れ下がっている。

観察

観察

1

葉を触る充実感

手触りランキング

つるつる、ざらざら、ふわふわの葉をさがしてみよう。つるつるの1位は？　それぞれ投票してランキング。

あそべる季節　春　夏　秋　冬

難しさ

用意するもの

・身近な木の葉
　つるつるはモッコク、ツバキなど。ざらざらはムクノキやロウバイ、イチジクなど。ふわふわはネコヤナギの花芽、シロダモ・コナラ・イヌシデ・イヌブナ・ボダイジュなどの新葉がすばらしい。トウネズミモチの葉はさらさら

木の見つけ方

公園や学校、家の庭にあるものをさわってみる。

あそび方

1 いろいろな葉を触り、つるつる、ざらざら、ふわふわの手触り３種類の葉を見つける。

2 それぞれの自分の一番を友達などに紹介し合う。

3 葉を取ってよい場所なら、各感触の葉を集め、触ってみて、シールなどで投票する。

ふわふわ：コナラ

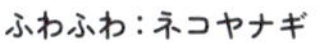

ふわふわ：ネコヤナギ

ざらざら：ロウバイ

つるつる：モッコク

NOTE 公園や学校にはかぶれる木はあまり植えられていないが、ウルシの仲間やチャドクガがつくツバキの仲間は気をつける。新葉がふわふわでも夏はざらざらになるものもあり、季節によって感触は変わる。

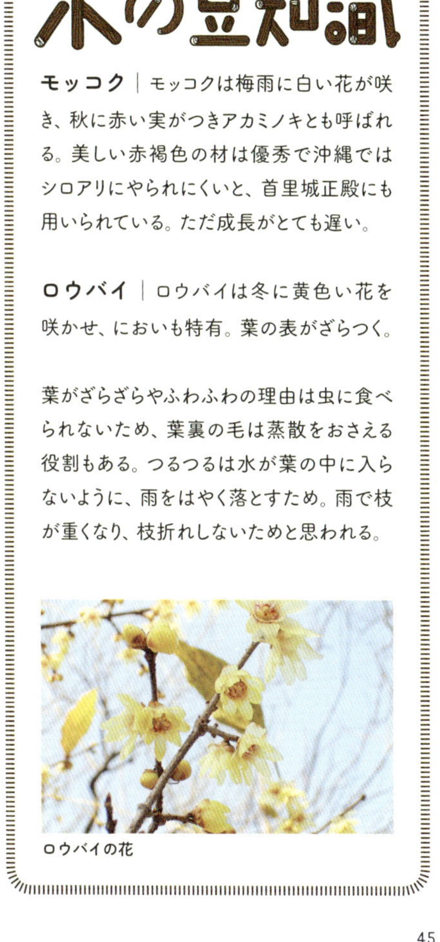

木の豆知識

モッコク｜モッコクは梅雨に白い花が咲き、秋に赤い実がつきアカミノキとも呼ばれる。美しい赤褐色の材は優秀で沖縄ではシロアリにやられにくいと、首里城正殿にも用いられている。ただ成長がとても遅い。

ロウバイ｜ロウバイは冬に黄色い花を咲かせ、においも特有。葉の表がざらつく。

葉がざらざらやふわふわの理由は虫に食べられないため、葉裏の毛は蒸散をおさえる役割もある。つるつるは水が葉の中に入らないように、雨をはやく落とすため。雨で枝が重くなり、枝折れしないためと思われる。

ロウバイの花

観察

2

においの表現をしてみよう

葉っぱソムリエ

昔の人がくさいと思っていたにおいも今はいいにおいだったり、人によって感想が違ったりしておもしろい。

あそべる季節　春　夏　秋　冬

難しさ

用意するもの

・クサギ、ニオイヒバ、カヤ、クスノキ、ゲッケイジュ、ニッケイ、ゴマギ、ローズマリーなどの葉

木の見つけ方

クサギは道端などに生えている木。街中でも線路沿いや、電柱の下、石垣などから伸びている。ニオイヒバやゲッケイジュ、ローズマリーは住宅地に見られる。カヤは寺社に植えられる。ゴマギは湿ったような緑地に生える。

あそび方

1 クサギなどの木を見つける。

2 葉をもんでにおいをよくかぐ。

3 「○○みたいなにおい」と感想を言い合う。

4 他の人の感想を聞いて、かいで確かめてみる。

クサギ

カヤ

ミズメ。内樹皮はサロメチールのにおい

ニオイヒバ

NOTE クサギはピーナツバター、ブルーチーズ、ビタミン剤、おいしそうな肉のにおいという人もいる。ニオイヒバはパイナップル、リゾートホテルのにおい。カヤはグレープフルーツ、ゴマギはゴマ煎餅、トウネズミモチはサトウキビのにおいといわれる。ヘクソカズラは大根おろし、ローズマリーは焼きそばと言い張る子がいる。それらを確認しても楽しい。

木の豆知識

クサギ｜北海道から沖縄で見られる。クサギの葉は天ぷらにすると、においは消えて食べられる。冬芽は濃い赤紫で、葉痕はカエル君。花は薄いピンクでよい香り。秋はガクが赤、実は青という攻めコーデ。これは鳥に実を食べて種を運んでもらうため。

カヤ｜東北から九州で見られる。日陰に耐えることができ、森で小さい芽生えが見られる。枝は三叉で伸びる。葉先が鋭くとがっていて痛い。雌雄異株でアーモンドのような種は食べられる。

ニオイヒバ｜北アメリカ原産の常緑針葉樹で、たくさんの品種がある。葉がレモンやパイナップルのにおいといわれる。これら葉のにおいは、虫などに食べられないためと思われる。

きれいな花がくさいとなぜかうれしい

お花かぎ

花の香りはいいにおいとは限らない。虫を呼ぶために工夫しているのだ。花の香りもどんなにおいかたとえよう。

あそべる季節
春　夏　秋　冬

難しさ

用意するもの

春：ヒサカキ、ユキヤナギ、スモモ、ナシ、モクレン科の花など
秋：クズなど

木の見つけ方

早春に塩ラーメンのようなにおいがしたらヒサカキ。ユキヤナギは公園や学校などによく植えられている。クズは土手などでしげっているつる植物。スモモやナシは公園や果樹園に見られる。

あそび方

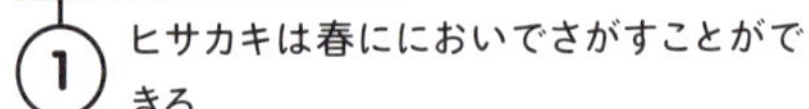

① ヒサカキは春ににおいでさがすことができる。

② 花が咲いていたら近くでにおいをかいでみる。

③ 「○○みたいなにおい」と感想を言い合う。

④ 他の人はどんな感想か聞いて、またかいでみる。

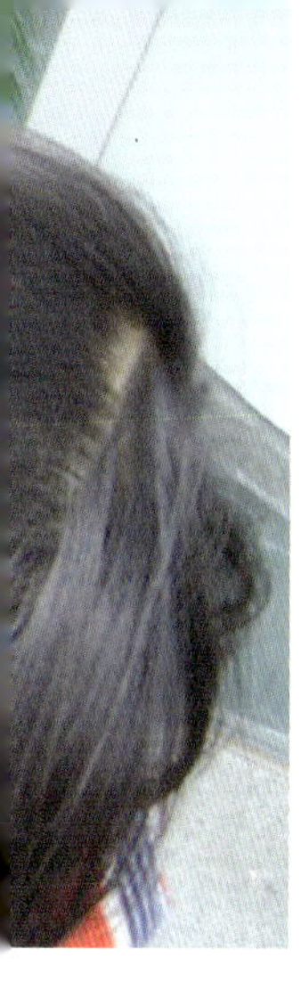

ナシの花は生ぐさい

ユキヤナギは「ABCマート」のにおいと子どもに言われた

5 ほかにも変わったにおいがないか花をかいでみる。

スモモは「新しいくつ」のにおい

クズは「ファンタグレープ」

NOTE 花にハチがいることもあるので、注意する。ヒサカキの花は塩ラーメン、ガスくさいといわれる。ユキヤナギの花は新しいくつのようなにおいがするが、まったくにおいがしない花もある。モクレン科の花はとてもよいにおいだが、花びらは輪ゴム臭。お花見シーズンだと花をかいでいてもあまり怪しくない。

木の豆知識

ヒサカキ｜青森県以南から沖縄の林の中で普通に見られる低木。神様やお墓にお供えするのに使われる。早春に咲く花はガスくさいといわれ、このにおいで虫を呼び、受粉してもらい、黒い実をつける。

ユキヤナギ｜バラ科の落葉低木。春に小さい花をたくさん咲かせる。公園や庭、学校で見かける。スモモの花も似たにおいがする。

ナシ｜ナシの花は生ぐさいにおいと言われる。夫と子どもはひどくくさいと言うが、私はそうでもなかった。生ぐささに慣れてしまっているのか。

クズ｜クズは北海道から沖縄まで見られるマメ科のつる植物。根からくず粉を取る。アメリカでは侵略的外来種となっている。クズの花は秋咲き、ファンタグレープのにおいと言われている。

観察 4

トトロみたいな窓辺に

食べた実の種をまこう

おいしく食べたあとに種をまいて芽が出るのを見てみよう。どんぐりじゃないけどトトロっぽいワクワク感がある。

あそべる季節：春 夏 秋 冬

難しさ 

用意するもの

・ビワ、レモン、ユズ、ブドウなどの種
・植木鉢
・土
・水

木の見つけ方

ビワは冬に花が咲き、梅雨ぐらいに黄色い実がなる。学校や公園、住宅に見られる。ユズは冬に黄色い実がなる。住宅に植えられる。くだものとして店で買えるが、出回るシーズンは限られる。

あそび方

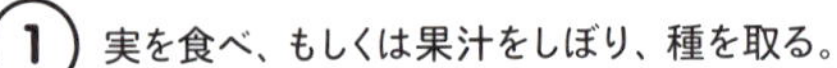

① 実を食べ、もしくは果汁をしぼり、種を取る。

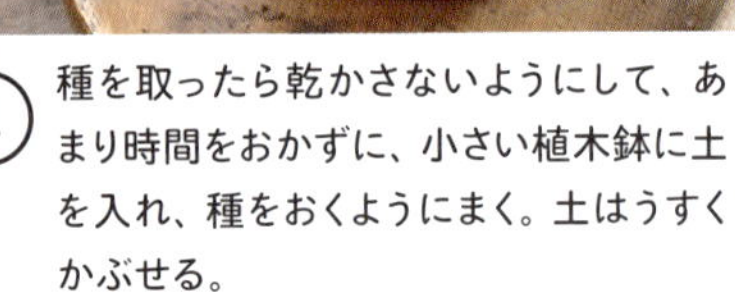

② 種を取ったら乾かさないようにして、あまり時間をおかずに、小さい植木鉢に土を入れ、種をおくようにまく。土はうすくかぶせる。

③ 種が乾かないように水をやり、発芽を待つ。春や夏なら2週間ぐらいで出るが、秋以降なら春まで出ないことが多い。

3つ子のレモンちゃん

NOTE 植木鉢カバーをおしゃれにしてもよい。水やりは土の中の空気の入れ替え、底から水が出るように水をやる。どんぐりは乾いてしまうと芽は出ないので、拾ったらすぐにまく。木の種類によっては、1年以上芽生えないものもある。ミカン類の種をまくと1つの種から2、3本芽が出ることがある。1つの受精卵から2つ以上の胚が発生することを多胚性といい、人の一卵性双生児も、ウンシュウミカン・オレンジ・ポンカンなども多胚性。ブンタンなどは1つの種から1つ芽生える単胚性。

木の豆知識

ビワの種は発芽率がよく、まくとだいたい発芽する（時間差はある）。ビワの木のそばにも芽生えが見られる。葉は神経痛などの痛み止めにお灸を乗せて利用される。ビワの材はかたく粘りがあり、高級な木刀になる。

観察

5

下を向いて歩こう

どの木の根っこかな？

根は土の下で見えないけれど、想像以上に広がっている。変わった根っこをさがしてみよう。

あそべる季節
春 夏 秋 冬

難しさ

用意するもの

・ラクウショウ、ムクノキの他、いろいろな木

木の見つけ方

ラクウショウは、公園の池のそばなどに植えられるが、多くはない。まれに街路樹もあるらしい。ムクノキはどこでも生えるが、公園の大きな木の根が面白い。

あそび方

① 長く伸びた根や、変わった形の根をさがす。

ムクノキ

② 木からはなれた場所でもさがしてみる。

③ 根っこから木へどうつながっているかたどってみる。

ラクウショウの呼吸根

NOTE ラクウショウは、土がよい場所や逆に土がかちかちの場所では呼吸根を出さないこともある。呼吸根はベンチの下、杭のそば、溝の中などのすき間から出ていることが多い。木からかなりはなれた所に出ていることもある。

木の豆知識

ラクウショウ｜アメリカ原産、別名ヌマスギといい湿地が得意。メタセコイアと似ているが、葉は互生、地面や水面からへんてこな根を出す。この呼吸根で空気を取り入れるので、普通の木が生きられない湿地で光を独り占めできる（普通の木は、酸素が少ない湿地の水では根の呼吸ができず枯れる）。

ラクウショウ

ムクノキ｜東南アジア原産で、成長が早い木。根が広く発達し、よく板根を作る。白っぽい根が地表に伸びている。

木の根は枝を張る範囲と同じくらい広がるといわれるが、多くの木は根が枝より広く伸びていることが多い。

観察 6

クオリティが高すぎる落とし物

自然が作った葉脈標本

ダンゴムシや虫などが葉を食べて残した葉脈はとてもきれい。薬品ではできない葉脈標本をさがそう。

あそべる季節：春　夏　秋　冬

難しさ：2

用意するもの

- 押し葉用ノート（葉を持ち帰るときに使う）
- 牛乳パックで作った箱（→8P）など（アオギリの種などを立体のまま持ち帰るときに使う）

木の見つけ方

雑木林や公園、学校、庭などで、日陰に落ち葉や枝など集めてある場所、木の下。

あそび方

1. ダンゴムシなどがいそうな場所（木の下、枝や落ち葉を集めている所、庭のすみの乾きづらい場所）をさがす。写真は羽根のついたアオギリの種を木の下で発見した。
2. 春から梅雨時にかけてたくさん食べるので、梅雨前にチェックして葉脈だけになった葉をさがす。

③ 見つけたらノートにはさんで持ち帰り、押し葉にして保存し、アクセサリーや飾りに（→92 p）。

④ 葉脈だけの葉を見つけた場所に、食べてほしい葉を置くと、葉脈標本ができるかもしれない。

NOTE 枝が積まれ、つるが覆っている場所は、ハチなども巣を作りやすいので注意する。薬品で葉脈標本を作る場合は分厚い葉でないと葉脈がとけてしまうが、野外でよくさがすと、柔らかい葉も見つかる。アジサイの花（ガク）は、1年ぐらい紫外線にさらされ風化してすける。

木の豆知識

ワラジムシやダンゴムシは乾燥に弱く、暗い所が好き。家の軒下、草や落ち葉がある場所に普通にいる動物（甲殻類）。家の近くでみるダンゴムシはほぼオカダンゴムシ。明治時代にヨーロッパから来た外来種で全国に広がる。落ち葉や野菜、煮干しも食べる雑食。ワラジムシもヨーロッパ原産。本州中部以北と沖縄で見られる。ダンゴムシを飼って、葉脈標本を作る人もいるようだ。ダンゴムシやワラジムシの他にも、葉をレース状に食べ残す虫はたくさんいる。

ダンゴムシ

観察
7

定点写真を撮ってみよう

子どもと木

子どもの成長の節目に木と一緒に写真を撮ろう。小さな木、子どもが気になった木、りっぱな木、なんでもOK。

あそべる季節
春 夏 秋 冬

難しさ

用意するもの

・お気に入りの木、気になる木
・カメラ
・前に撮った写真

木の見つけ方

いつもよく行く場所、定期的に必ず行く場所の木を選ぶ。もしくは植樹などした木と一緒に定期的に写真を撮る。

あそび方

① 子どもにどの木がいいか聞き、その木と一緒に写真を撮る。最初はいろんなポーズや角度で撮っておくと、次回逆光だったときに対応できる。

マツを植樹して1年（子ども・1歳）

植樹して3年（子ども・3歳）

② 前に撮った写真を見ながら、毎年1回、その木とだいたい同じ角度で写真を撮る。「あの木どうしてるかな」と写真を撮るのが楽しみになるようにしたい。

植樹して5年（子ども・5歳）

マツ

NOTE 子どもが小さいときから撮っておくと、長く撮れて、変化が見られる。中学生になると撮らせてくれなくなったりするので、早めに始めるとよい。簡単には伐採されない木を選ぶ。大きな木、名木、家の木、植樹した木など。撮るときは逆光にならない時間帯を選ぶ。

木の豆知識

例えば成長の早い木はキリ、マツ、サクラなど。成長の遅い木はモッコク、ヒヨクヒバなど。大きな木なら木自体にはあまり変化はなく、子どもが大きくなる様子が楽しめる。植樹した木だと木と子ども両方が大きくなるのを見ることができる。

キリ

サクラ

観察 8

冬芽シーズン到来

冬芽のアイドル・イケメンさがし

冬は冬芽おっかけシーズン。アイドル・イケメンを見つけよう。撮った冬芽が何を言っているか想像して楽しもう。

あそべる季節　春　夏　秋　冬

難しさ

用意するもの

- フジ、クズ、サンショウ、ウメなど
- ルーペ
- カメラまたはスマートフォンとマクロレンズ

木の見つけ方

フジは学校や公園に、サンショウは学校や庭によく植えられる。クズは土手などの雑草としてよく見られる。

あそび方

① フジ、クズ、サンショウ、ウメなどを見つける（写真はフジ）。

③ 一番のいい顔をマクロレンズで写真を撮る（写真はクズ）。

② 葉が取れたあと（葉痕）をよく見て、かわいい顔をさがす（写真上はウメ、右はイイギリ）。

④ いい顔が撮れたら、写真加工アプリなどで吹き出しを入れたりしてあそぶ。

⑤ 芽が開く春も観察すると変化していておもしろい（写真はサンショウ）。

フジ

サンショウ

クズ

NOTE フジの葉痕は、ヒゲ面だが、俳優の山田孝之似があることがある。ほりが深そうなのを見つける。サンショウはトゲが並んでいる場所の葉痕をさがす。クールな顔が多い。クズは1つのつるでもいろいろな葉痕（顔）があり、著者は劇団クズと呼んでいる。他にもたくさんかわいい冬芽がある。ニセアカシアやネムノキなど葉痕から芽が出る木は、顔が割れているようで怖い系。

木の豆知識

フジ｜フジにはフジ（ノダフジ）とヤマフジがあり、つるの巻く方向が違う。自分がつるだとして、フジは左手で上に巻き、ヤマフジは右手で上に巻く。どちらも葉痕はヒゲ面。フジの種はマーブルチョコみたい。さやがねじれ、すごい勢いで飛ぶ。

サンショウ｜雌雄別々の木で、雌の木の実の皮を香辛料に使う。サンショウはトゲが対になっている対生で、葉痕と対生のトゲが組み合わさると、とてもりりしい。ミカン科のサンショウの葉は、アゲハの仲間が食べる。

クズ｜3枚一組の葉がついたつる植物で、畑などでも広がり、嫌われる。根からくず粉が取れ、くずもちや漢方に使われる。アメリカに園芸や砂防のために持ち込まれ広がり、侵略的外来種となっている。

観察 9

アリをボディーガードに？

蜜腺さがし

木は虫を呼ぶために花以外でも甘い蜜を出している。葉の蜜に集まるアリを見てみよう。

あそべる季節：春 夏 秋 冬

難しさ 

用意するもの

・ルーペなど（あれば）
・蜜腺のある樹種：サクラ類、ウメ、アンズ、モモ、バクチノキ、セイヨウバクチノキ、アカメガシワ、オオバベニガシワ、イイギリ、ナンキンハゼ、アブラギリ、シンジュ、ネムノキなど

木の見つけ方

公園や学校などに見られる。シンジュ・ナンキンハゼは街路樹でも見られることがある。アカメガシワ・イイギリ・シンジュは道端などに生えている。

あそび方

①葉が開いた頃、枝が低い木か、根元から出ている枝があるサクラなどを見つける。

② 葉の柄のあたりをよく見て、蜜が出ているか見る（写真は左ソメイヨシノ、右ナンキンハゼ）。

シンジュの蜜腺

③ アリなどが来ているか観察する（写真はアカメガシワ）。

NOTE サクラの蜜腺から出る蜜をなめると甘い。シャインマスカットの薄い味がすると言った子もいる。この蜜でアリを呼び、アリがいると害虫もよりつきづらくなるので、「木はアリをボディーガードにやとっている」といわれている。秋ぐらいになると蜜をあまり出さなくなる。

木の豆知識

ソメイヨシノ｜エドヒガンとオオシマザクラが親で、葉の柄や芽に毛がある。サクラの仲間は葉のつけねにイボのような蜜腺がある。

アカメガシワ｜アカメガシワはイボはなく、葉に2つならんだ平らな蜜腺がある。イイギリとナンキンハゼは柄に2つならんだいぼのような蜜腺がある。アブラギリの蜜腺は飛び出ててかなり個性的。

観察 10

つるを巻く工夫

逆回転さがし

くるくる巻いているつるをよく見ると、途中で逆回転している。不思議な逆回転を見てみよう。

あそべる季節
春 夏 秋 冬

難しさ

用意するもの

・栽培されているブドウ、エビヅル、サルトリイバラなど
・カラスウリ、ゴーヤのつるも逆回転している

木の見つけ方

フェンスにつるをからませている庭、ブドウの果樹園など。道沿いにサルトリイバラやエビヅルが生えていることがある。

あそび方

① 巻きひげのように巻いているつるをさがす。

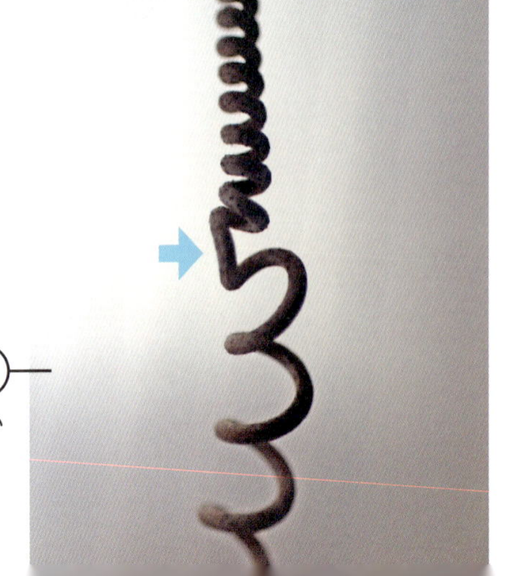

② 巻き方が途中で逆回転になっているか観察する。

どんぐりの虫が出た穴に巻きひげをさすと何かがはじまりそう

栽培されているブドウ

サルトリイバラ

NOTE 巻きひげのようなつる植物は、だいたい途中から逆回転している。2回方向を変えているものもある。逆回転することで強くからむといわれている。いろんな植物が同じ方法を採用しているのがおもしろい。

木の豆知識

サルトリイバラ｜北海道から九州・沖縄の道端、やぶに見られるつる植物。単子葉植物で、雌雄異株。雌に赤い実がなる。じぐざくの枝にトゲと巻きひげがある。西日本の柏餅はカシワよりこの葉で巻くのが普通。葉裏にルリタテハの毛虫がいることがあるが、無毒。

エビヅル｜巻きひげで低い木にからむつる植物。本州～沖縄の林縁やヤブに見られる。葉裏に細かい毛があり、秋に黒いブドウがなる。

ブドウ｜栽培されているブドウは、アメリカブドウ（巨峰・デラウエアなど）と、ヨーロッパブドウ（甲州・マスカット類など）と、それらの雑種。栽培品種がとても多い。

エビヅル

観察
11

風を利用する小さな種の冒険

キリ鉄

すき間から出る大きな葉っぱ。誰も気にとめないキリの生活。電車の先頭車両に乗ってキリを見つけよう。

あそべる季節
春 夏 秋 冬

難しさ

用意するもの

・歩きやすい靴
・カメラ
・双眼鏡
・地図
・筆記用具
・飲み物

木の見つけ方

キリは線路ぞい、駐車場と建物の間、トンネルの出入り口、橋のたもと、T字路、カーブ、住宅だとエアコンの室外機のそばに多い。室外機が多いラーメン屋や中華屋は要チェック。

あそび方

① 電車の先頭か後方車両に乗り、窓からキリをさがす。

② 線路上で橋やトンネル、線路が交差する場所などは注意深く見る。ホームのはしも要チェック。

すき間に好んで生えるキリ

3 キリらしい木を見つけたら下車して、線路や車両、駅名などが入るように写真を撮る。

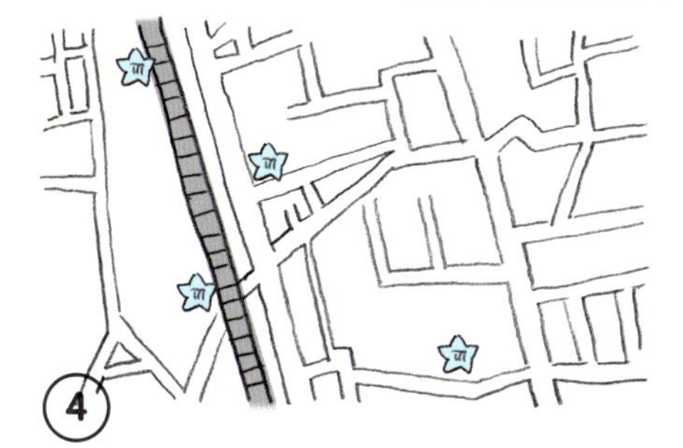

4 地図にキリが生えている場所をプロットする。花が咲く木は種を飛ばしているので、色などを変えて記す。そこから飛んで生えていそうな場所を予想して行ってみたり、事前にグーグルのストリートビューで下見してもよい。

NOTE キリが咲く晩春ぐらいが見つけやすい。葉が大きくなる梅雨時なども適期。お盆から秋は伐採されることもあるが、根本からまた生えることもよくある。切り株は真ん中に髄の穴が空いている。アカメガシワ、イイギリ、シンジュ、ビワなど線路沿いに生えるライバルだが、大きな葉のキリがほどよいレア感で、見つけたときの喜びが大きい。キリの葉はイイギリやキササゲと似ていて間違えることがある。冬に唯一葉があるビワで「ビワ鉄」をしたが、人が植えている可能性もあり、線路と関係ないかもしれない。

木の豆知識

キリ | キリの成長は驚くほど早いが、種はとても小さく、発芽したらアルファルファのようなか弱さ。栗のような殻の中に何千と種が入っていて、風に飛ぶ。母木は、子（種）に何も持たせず、ただ遠くに行けるように羽だけつけて、ひたすら小さく軽く。子は裸一貫、日当たりのよい新天地でがんばる。発芽してすぐに泥をかぶると腐りやすいらしく、コンクリートなどのすき間が好都合なのではないかと推測する。

キリの種

木のコラム③

春はふわふわで満ちている

春のふわ見

春の葉をレッツふわ見。やわらかそうな葉を見つけ、さわったりながめたりしよう。シロダモの葉がふわふわなのは春の一時だけ（木によっては秋も）で、夏にはかたい葉になる。期間限定でシロダモのふわふわに狂う。これを花見ならぬ「ふわ見」と私は呼んでいる。タイサンボクの花芽もふわ力が高いのでおすすめ。女子はすごく好きだが、男子はそうでもないことがある。シロダモは宮城県以南から沖縄の林縁などで普通に見られる木。雌雄異株で、雌株に赤い実がなる。昔は、この種から油をしぼって灯火にしていたらしい。葉の裏が白いので「裏がシロダモーん」と覚えては？

シロダモ　　タイサンボクの花芽

ふわふわブーケ

花よりふわふわ。女子に喜ばれるプレゼント。クズの新葉、シロダモ、ネコヤナギ、コナラ（草ならラグラス、アサギリソウ、ラムズイヤー、チガヤ、ビロウドモウズイカ）など、ふわふわのものだけを集めてブーケを作る。

ラグラスで作った帽子飾り

コブシネイル

毛深いネイル。ふわふわの爪で友達に差をつけよう。公園や庭・街路樹などで植えられるコブシ、ハクモクレンなどは春に大きな花が咲く。花を守る毛皮の花芽カバーは、一冬で2～3回脱ぎ捨てられ、新しいほうが手触りはよい。冬に木から落ちるので踏まれないうちに拾って指先にはめてあそぼう。

モクレン科の木は毛が生えている花芽が多く、春に大きな花をつける。コブシの花は小さな葉っぱをオマケにつけて咲く。似たハクモクレンやタムシバの花には葉のオマケがつかない。花の香りはよいが、蜜はない。花びらのにおいはほんのりゴム臭。実が拳のような形をしているから、コブシとなった。

クラフト

クラフト 1

スローな接着剤

樹皮の接着剤

アキニレやハルニレの枝は、皮をむき、この樹皮を木づちでたたくとねばねばしてくる。昔はこれを接着剤にしていたらしい。

あそべる季節
春 夏 秋 冬

難しさ

用意するもの

- アキニレかハルニレの細枝
- くっつけたいもの（枝のスライスと松ぼっくり、どんぐりなどおすすめ）
- 木づち
- たたく台になる板、あるいは切り株（近所で木が切られることがあったら、輪切りをもらっておく）

木の見つけ方

公園に植えられていることが多い。台風のときに生の枝が落ちたのを使うか、剪定するときに枝をもらう。植木屋さんもアキニレの枝を切ると、ネバネバではさみがダメになり困るらしい。

あそび方

① 木づちでたたいても大丈夫な場所を選ぶ（土の上など音がひびかないところ）。

② くっつけたいもの（木材系がよい）を用意しておく。

③ 新聞紙をしいて、たたく台になる板（切り株）を置き、その上で細い枝をたたいて樹皮をはがす。

4 樹皮をたたいて細かくつぶすとねばりが出てくる。

5 樹皮が乾いたらほんの少し湿らせておくと、ねばりが出てくる。

6 ねばりが出た樹皮を接着したいものにもり、くっつける（どんぐりなどはもったところに乗せる感じがよい）。

7 一晩以上はそのままおき、乾いたらできあがり。
すぐに取れることも多く、「いっそ接着剤はやめて粘土にすれば？」と言われたこともある。

アキニレの樹皮

NOTE 現代の接着剤のようにすぐにくっつくものではなく、ねばつく粘土のイメージで、くっつくまで一晩は必要。割れた陶器などをくっつけるのは難しい。皮だけむいておいて乾かして、しめらせて使うこともできる。ただしあまり水を多く入れると、接着がより弱くなる。

木の豆知識

アキニレ・ハルニレ｜アキニレは暖かい水辺が好きで、飛ぶ種は石の割れ目のようなすき間に入り、街でも様々な場所で芽生える。ハルニレは涼しい湿った場所が好きで、北日本で公園などによく植えられている。アキニレもハルニレも昔は樹皮で縄を作ったり、内樹皮をたたいて接着剤に使っていたという。昔はこれでカワラをくっつけていたようだ。ねばつく理由は虫にやられにくいからなど考えられる。冬はねばつきが弱いことがある。

アキニレ

クラフト 2

ヤスリになっていた葉

ムクで樹皮みがき

ムクノキの葉表はざらつき、ヤスリの代わりになる。葉を干し、樹皮をみがいてピカピカにしよう。

あそべる季節	難しさ
春 夏 秋 冬	●●●○○

用意するもの

- ムクノキの葉
- サクラ、モモ、ミザクラ（さくらんぼの木）などの枝（樹皮がでこぼこしてないものを選ぶ）
- ティシュペーパー
- 新聞紙
- ノコギリ

木の見つけ方

ムクノキは公園など割とどこでも生えている。道端や庭などにもギザギザの葉っぱが雑草のように生えている。サクラあるいはモモ、ミザクラの枝は、剪定したものをもらう。

あそび方

① ムクノキの葉をたくさん取り、そのまま干すか押し葉にする。

② サクラなどの枝を好きな長さに切る（金具などをつけてぶら下げるなら直径1.5～3cmで長さ5cmぐらい）。

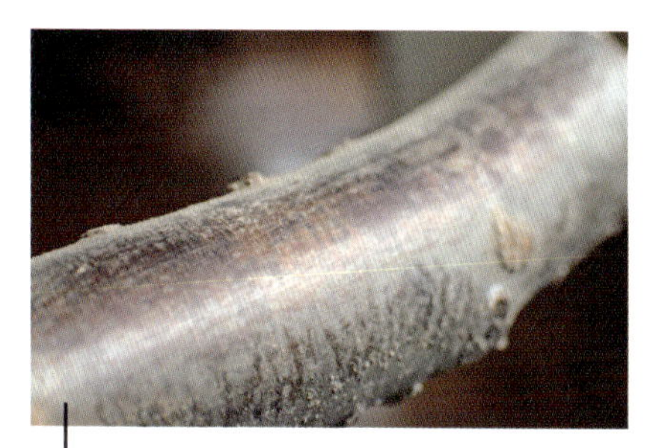

3 ①の葉の表で②のサクラなどの樹皮をみがくと赤味が出てきれいになる（葉が乾いてやぶけるようなら、水をスプレーして少し湿らせる）。

ムクの葉表はザラザラ→

ムクの実→

←ヤマザクラの樹皮の茶筒

NOTE ムクノキの葉はヤマザクラの樹皮を使った工芸品の仕上げに使われ、本物の茶筒をさわらせると子どものテンションがあがる。地味な作業だが、ある小学校では一番人気。「こんな仕事をしたい」と言われた。ムクノキの葉は、押し葉にしたほうが保存利用がしやすい。ムクノキの葉の他にトクサでみがくこともできる。

木の豆知識

ムクノキ｜ムクノキの樹皮は白っぽく、実はレーズンのように甘いが、種が大きく食べる所はあまりない。鳥などが種を運び、電線の下などのいろいろなすき間から発芽する。ムクノキは植えられることはほとんどなく、種から自力で大木になるものが多い。

サクラ類｜サクラ類はヤマザクラ、カスミザクラ、オオシマザクラ、エドヒガンなど自然のサクラもあるが、ソメイヨシノなど人が接ぎ木でふやす種類もたくさんある。もともとサクラは集団（群落）はつくらず、サクラのあとにサクラを植えると成長がよくない。

ヤマザクラ

落ち込んだら開く宝箱

もふり箱

春、ピーナツの薄皮のようなカバーの中から白い毛がでてくるネコヤナギ。この花芽を集め、ふわふわを極めたひと箱が「もふり箱」。緑地にはたくさんの宝が落ちている。その時々にきらめく落とし物を拾って宝箱を作ってもよい。

あそべる季節	難しさ
春 夏 秋 冬	●○○○○

用意するもの

- ネコヤナギの花芽
- 新聞紙
- 箱

木の見つけ方

ネコヤナギは河原に多くはえ、集団をつくることもある。公園や庭にも植えられる。自分の家で育ててもよい。枝を挿すだけで割と簡単につく。

あそび方

① 早春、ネコヤナギの芽から白い毛が見え始めたらふわふわの花芽を取る。

② 新聞紙に広げ、乾かし、箱に入れる。ピンクネコヤナギは乾くと赤から灰色に変わる。

3 花芽が入っている箱に手を入れていやされる。

4 ネコヤナギ以外でも森で拾ったかわいいもの、好きなものを入れてもよい。

NOTE 花芽は咲き始めるとかたくなるので、その前に収穫（モフ狩り）する。「これの風呂に入りたい」とストレスの高い人は言う。毎年集めればいつかモフ湯になる。日ごろから公園などでお気に入りの木の枝や実、葉などよいものを拾い、自分の宝箱を作ると楽しい。子どもに「自分だけの宝物を箱に入れてみよう」と言うと、生き物を入れる子（男子）は結構いる。生き物は観察したら逃がすようにする。

木の豆知識

ネコヤナギ｜ネコヤナギは、河原の日当りのよい場所が好き。雌雄異株で、植えられているのは雄が多い。ふわふわの花芽から黄色い雄しべが伸びて咲く。花芽が赤いピンクネコヤナギなど、よく植えられる。

ピンクネコヤナギ

やわらかな光

ムクロジ イルミネーション

ムクロジの実の皮はまるでレトロなガラス。黒い種を出して、電球を差し込むとランプのような温かい光。

あそべる季節：春　夏　秋　冬
難しさ：★★★☆☆

用意するもの

- ムクロジの実
- イルミネーション用電飾
- 目打ち
- カッター

木の見つけ方

寺社や公園、川のそばなど、ムクロジがある場所は昔の洗い場とも言われる。

あそび方

① ムクロジの実を拾い、洗って天日で乾かす。

② 実のつけね部分をカッターで切り、黒い種を出す。

③ 黒い種は出しにくいので、目打ちで反対側からさし、種を押し出すようにする。

4 目打ちであけた穴を利用して、電球の突起に差し込んで固定する。

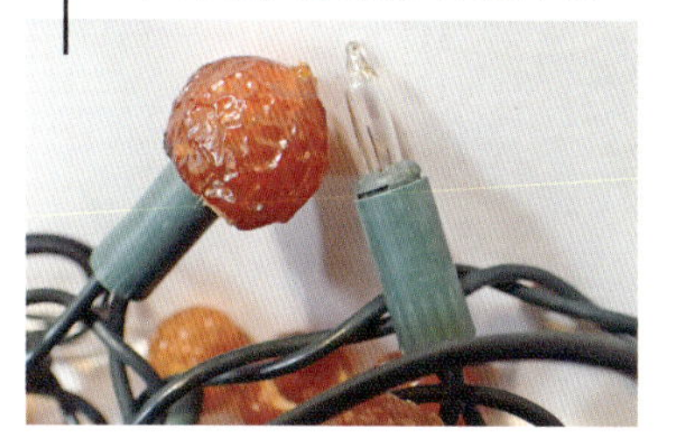

5 すべての電球に実の殻をつけ、電源を差し込んで完成。

NOTE 電球の突起を穴にさしているだけなので、すぐに殻が落ちる。突起のない電球やLEDにはかぶせるだけ。カッターで切っただけではなかなか黒い種が出ないので、目打ちで穴をあけながら押しだす。

木の豆知識

ムクロジ｜ムクロジの葉は、あまりない偶数羽状複葉だが、葉がずれて奇数羽状複葉になることもある。黄色い実の中に黒い大きな種が入っていて、羽子板の羽根にはその種が使われる。黒い種の中身は食べられる。

クリスマスからお正月までいける

クリス松

松葉に色とりどりのビーズを通し、マツをデコってみよう。手軽に縁起のよいクリスマス・お正月飾りができるよ。

あそべる季節	難しさ
春 夏 秋 冬	★☆☆☆☆

用意するもの

・クロマツかアカマツの枝
・ビーズ（6㎜ぐらい）
・花びんなど

木の見つけ方

公園や寺社・住宅などに植えられる。年末にむけて剪定されることがあるので、剪定されたものをもらう。年末に門松用に売っているものを買う。台風や雪で枝が折れたのを拾う。

あそび方

① マツの枝をびんなどにさせるように、適当な長さに切る。

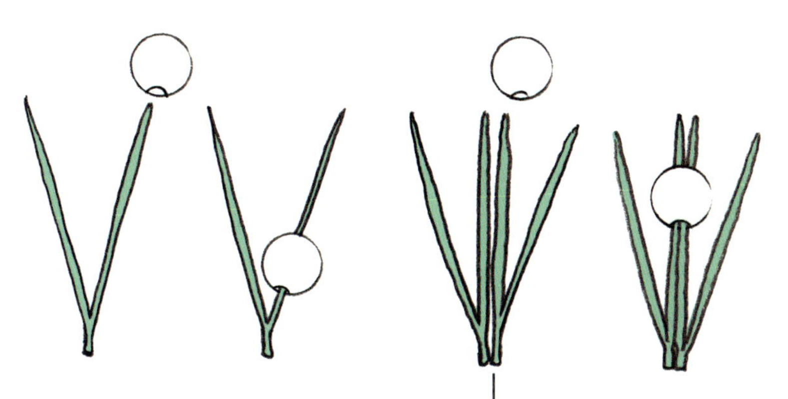

② 松葉に大きめのビーズをさして飾る。葉1本にビーズを入れると根元まで行くが、葉2本にビーズを入れると途中でとまり、いろいろな所にビーズを飾ることができる。

NOTE 小さなビーズは入らないので、大きめのビーズでやる。取り外しができるので、クリスマスとお正月は色を変えても楽しい。マツを水につけなくても、数週間はもつ。針のようなマツの葉は、2本セットになっていて、束ねているところが枝。

木の豆知識

マツ｜日本のマツは2葉、5葉マツがある。外国原産のダイオウショウ、テーダマツ、リギダマツは3葉。マツの落ち葉には他の植物をおさえる物質（アレロパシー）があり、落ち葉が積もる場所では草があまりはえない。このような除草効果がある落ち葉は他にもあり、農業で利用されたりする。

クラフト
6

水でとじる剣山

マツボックリの生け花

マツボックリはぬれると閉じて、乾くと開き種を飛ばす。マツボックリに草花を入れ、かわいい生け花を作ろう。

あそべる季節
春 夏 秋 冬

難しさ
★☆☆☆☆

用意するもの

- クロマツ、アカマツなどのマツボックリ
- 小さな草花
- グラスなど
- 水

木の見つけ方

寺社や公園、山の尾根、海岸などマツがはえている場所で、マツボックリを拾う。

あそび方

1 飾りたい小さな花を取ってくる。

2 マツボックリが１つ入るグラスなどの容器を用意し、マツボックリと水を入れる。

3 マツボックリが少し閉じてきたら、草花をマツボックリにさす。

5 オオバコの柄やつるなどを取っ手のようにさして、花かごにしたり、葉や花びらなどをさして虫やパイナップルにしてもよい。

4 マツボックリは水につけて 20〜30分ぐらいで閉じ、草花は取れなくなる。

NOTE 普段あまりながめることもない小さな花をさすと、とてもかわいいことに気がつく。マツボックリが閉じるまでの時間は、大きさや乾かし方にもよる。閉じても、また乾かすと開く。

木の豆知識

マツ｜マツは陽樹で、光が大好き。親の木の下に種が落ちたら光をえられないので、晴れた日にできるだけ遠くに種を飛ばす。他の木が好まない乾燥した山の尾根や海岸などをあえて選び、光を独り占めしようとする。菌根菌と共生しているのでこのような乾燥地でも生きられる。

マツの菌根

クラフト 7

超リアル！　子ども心わしづかみ

シュロのバッタ

「わ！　バッタがなんでこんなところに？」とびっくりされること間違いなし。バッタを草の上などにおき、見つけるゲームをしても楽しい。

あそべる季節	難しさ
春 夏 秋 冬	🌳🌳🌳🌳🌳

用意するもの

- シュロの葉
- ツマヨウジ
- はさみ

木の見つけ方

シュロはヤシの仲間。ヤシの木のような木をさがす。鳥が種を落とす電線の下、止まりやすい木の下などに生えている。雑草のように生えた背の低いシュロの葉が取りやすい。庭に植えられているものはトウジュロが多い。

あそび方

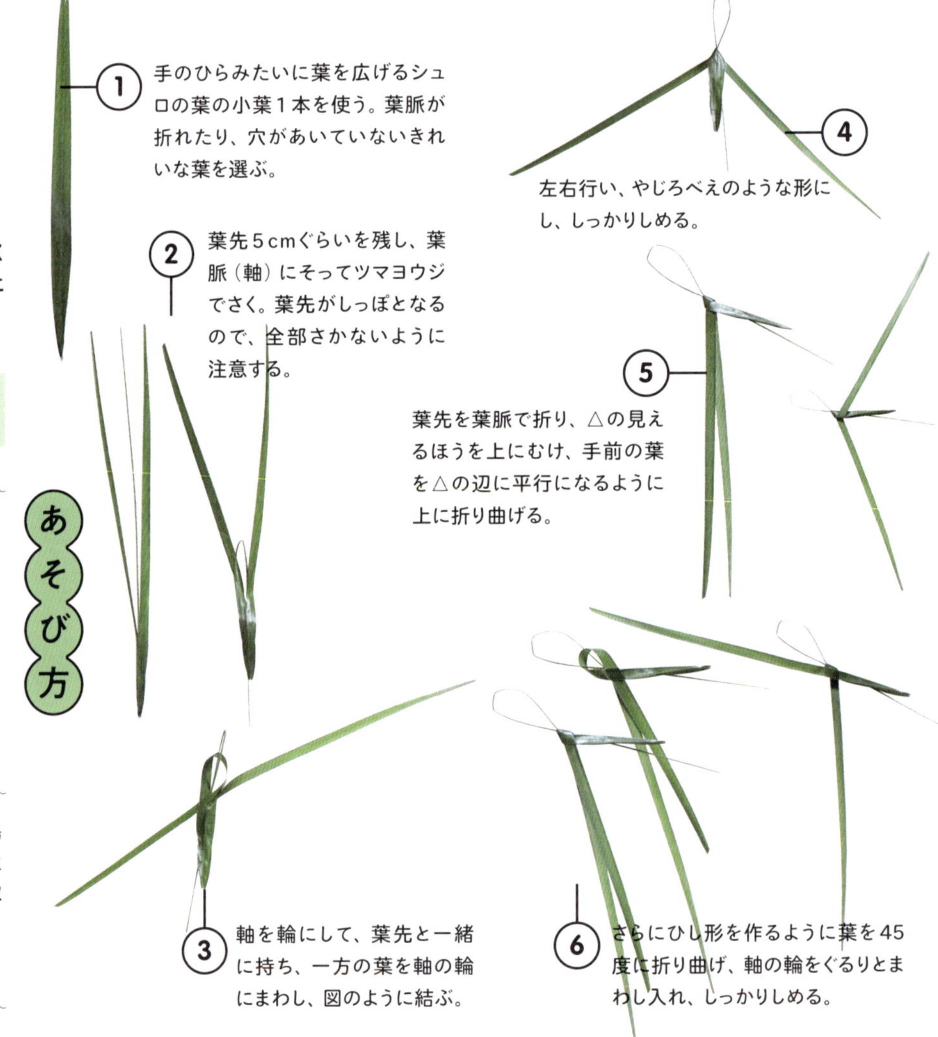

反対に向けると、△があるので同じようにおり、しっかりしめる。

これを３回ずつ、45度に折るとき数ミリずらして折り、バッタのおなかをつくる（回数を増やしてもよい）。

下に出ている葉２枚の頭側のわきを細くさき、輪になっている軸に通し、しっぽのほうの軸をひっぱると触角ができる。

余分な軸を切りバッタの足を作る。軸を２つに折り曲げて、バッタの下から差し、関節を折り曲げ、適当な長さで切る。

下に伸びている葉を前足として切りそろえ、触角も適当な長さに切ったらできあがり。

NOTE 作り方がいろいろあり、バッタの足の処理が人によって様々。できたバッタに枯葉をさしこんで、コオロギもできる。バッタを応用してカマキリを作る人もいる（作り方の動画はたくさんある）。

木の豆知識

シュロ｜シュロはワジュロとトウジュロがあるが、どちらでも作ることができる。幹の繊維がタワシ、シュロ縄、ホウキなど、繊維をとった幹はそのまま鐘つき棒として利用される。鳥たちも巣材として活用している。ワジュロは葉が長く、途中で折れ、トウジュロは葉が少し短くピンとのびる。バッタはイネ科の草の葉でも作られるが、葉で手を切ることがある（葉のへりにプラントオパールという小さな石がついていて、それで手を切る）。シュロはその心配はない。

クラフト 8

削るたびにすーっと爽やか

クスノキのなんちゃってペン

わきをしめ、いいにおいさせながらクスノキの枝をけずろう。このペンはDSに使えるよ。

用意するもの

- クスノキやユーカリなどの枝
- 小刀（切り出しナイフ）
- ノコギリ
- 必要なら作業板（作業用切り株）

木の見つけ方

クスノキは公園や寺社、学校、街路に植えられる。掃除が頻繁でなければ、木の下に枝が落ちている。枝は折れやすく、必要なぶんだけ手で折る。

あそび方

① 枝を削りやすい長さにノコギリで切る。

② 枝の先をナイフでけずり、香りをかぎながら、先端をとがらせる。必要なら作業板（作業用切り株）を使う。

いろんな枝で作ったなんちゃってペン

クスノキペン

ユーカリペン

3 においはすぐに消えるので、香りをかぎたいときなどに削る。

NOTE DSには使えるが、スマホやタブレットのタッチペンとしては使えない。字を書ける葉（→10P）のペンに使える。

木の豆知識

クスノキ | 葉や枝はすーっとした良いにおいがする。この化学物質のおかげで病害虫を防ぎ、衣類の防虫剤の樟脳が取れる。化学物質に守られているので、クスノキは強い風などの日は簡単に枝を落とす（普通の木は折れた所がくさってしまう）。倒れないように、枝を落として風の抵抗を弱めるため。大風の日などに、クスノキの下に行くのは避けよう。

ユーカリ | オーストラリア原産、コアラが葉を食べることで有名。ユーカリからは精油がとれ、アロマテラピー、虫よけなどに使う。ユーカリの仲間は600種ぐらいある。

クスノキ

クラフト 9

大きい葉っぱ小さい葉っぱ

葉拓でエコバッグ

魚の魚拓があるのなら、葉拓も。大きな葉もかわいい形の葉も布にスタンプしてみよう。

用意するもの

- 木の葉
- アクリル絵の具
- 筆
- 新聞紙
- ティシュペーパー
- パレット（絵の具を出す皿）
- 水
- 練習用の布（手ぬぐいやシーツ、着なくなった白シャツなど）
- 薄手の綿のエコバッグ

木の見つけ方

葉は秋の落ち葉でさがしてもよいし、庭の木などで適当なものを選ぶ。街路樹のユリノキなどは形がかわいい。大きな葉といえばキリで、キリの木があるおうちに頼んで葉をもらう。

あそび方

① 大きい葉、小さい葉、好きな形の葉を選び、汚れていたら洗ってペーパータオルではさみ、水けをとる。

② エコバッグの中に新聞紙を入れ、裏にうつらないようにする。

③ 新聞紙をしき、その上で葉裏に筆でアクリル絵の具をぬり、葉を練習用の布にふせてティシュペーパーをまるめたもので押さえる。葉の輪郭や葉脈にそって丁寧に押さえる。コツがわかったら、②のエコバッグにスタンプする。

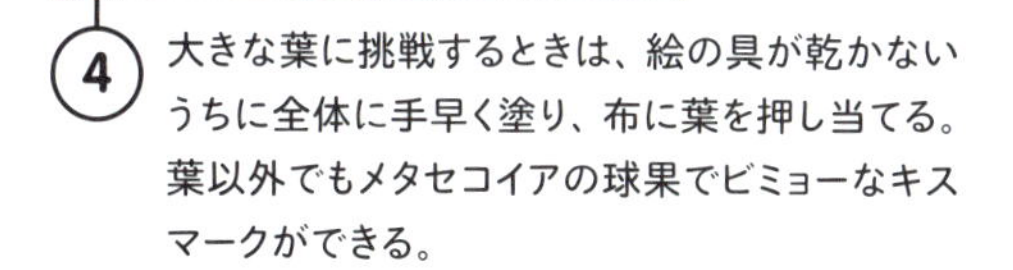

4 大きな葉に挑戦するときは、絵の具が乾かないうちに全体に手早く塗り、布に葉を押し当てる。葉以外でもメタセコイアの球果でビミョーなキスマークができる。

ユリノキ

キリ

NOTE 荒い織りの布やキャンパス地などの厚い布は、細かい葉脈が出ない。薄手の綿が良い。絵の具はあまりうすめずず、濃い目にぬると葉脈がくっきりうつる。布によって濃さは調節する。葉脈が太い葉は、葉脈の両脇をよく押さえるようにする。洗濯すると少し色落ちし、色移りもするので他のものと一緒に洗わない。

木の豆知識

ユリノキ | 北アメリカ原産の木。葉は、冬に着る半纏のようなので、ハンテンボクとも呼ばれる。モクレンの仲間の花は、香りだけで蜜がないが、ユリノキの花には緑と黄色の花弁にオレンジ色の蜜標があり、蜜がある。

キリ | 中国原産。葉がヒマワリに似ているが、手触りはしっとりふわふわ。紫の花がきれいで、それ以上にビロードのガクが豪勢。昔は、女の子が生まれるとキリを植え、嫁入り道具のタンスを作った。種は小さく風に運ばれ、線路ぞいや室外機のそばでみかける。

メタセコイア | メタセコイアの球果には精巧に彫られたようなクチビルがあるので、キスマークのようなスタンプにしてもよい。

クラフト 10

拾ってできちゃうアクセ

球果のブレスレット

マツボックリみたいに中に種が入っているかたい実を球果という。小さな球果をつなげてブレスレットを作ろう。

あそべる季節	難しさ
春 夏 秋 冬	●●○○○

用意するもの

- 小さな球果（ヒノキ、サワラ、メタセコイアなど）
- 細いヘアゴム、または細いひもでもよい
- はさみ

木の見つけ方

メタセコイアは公園や学校、ヒノキやサワラは寺社、庭、植林地などに植えられる。サワラはかつて生垣に使われていたものが大きくなり、住宅地にもよく見られる。

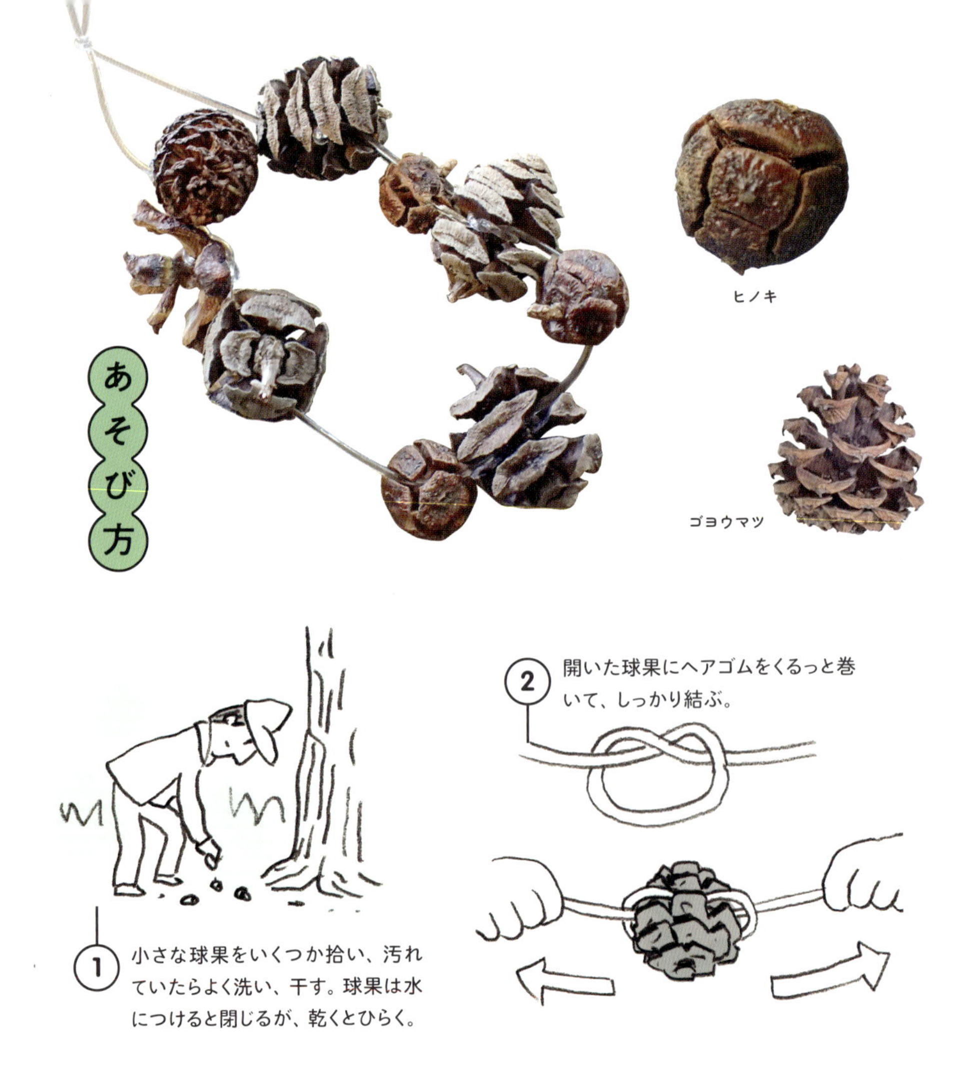

あそび方

1. 小さな球果をいくつか拾い、汚れていたらよく洗い、干す。球果は水につけると閉じるが、乾くとひらく。
2. 開いた球果にヘアゴムをくるっと巻いて、しっかり結ぶ。

カラマツ

スギ

イタリアンサイプレス

④ 腕に巻ける長さになったら、最初の球果にゴムを結び、輪にしてできあがり（伸びないひもを使う場合は、手が入る大きさの輪にする）。

③ 2つめの球果にも巻いて結び、一つずつ球果をつなげていく。ほどくときはゴムの一方をもう片方と同じ方向へ引くとゆるむ。

メタセコイア

NOTE ビーズブレスレット用の伸縮ゴムを使ってもよいが、シリコン製は結びにくい。丸ゴムも太いと結びにくい。たくさん球果がないときは、間隔を広くあけて結ぶ。ヘアゴムが足りなくなったらつなげる。球果1つでもかっこいい。

木の豆知識

メタセコイア｜メタセコイアははじめ化石植物の名前だったが、中国で生きているメタセコイアが見つかったので、化石の木と呼ばれる。葉が似ているラクウショウという木もあるが、球果の形は全く違う。メタセコイアの葉は対生でやわらかく、秋には褐色に紅葉し、落葉する。球果は、リアルなクチビルがたくさんついている。

ヒノキ｜材は良い香りがして、ヒノキ風呂は最高。針葉樹のさわやかな香りは虫を寄せ付けず、昆虫観察にむかない。ヒノキの葉の裏には白い気孔線があり、気孔線の形がYならヒノキ、Hならサワラと見分ける。

サワラ

クラフト 11

大きくしない実を分けてもらう

未熟な実のびん詰め

花の後、実を作り始める木々。でも受粉したすべてを実らすことはできず、落とす小さな実。木もやりくりしているのであった。

あそべる季節：春 夏 秋 冬

難しさ：2/5

用意するもの

- 未熟な木の実（モミジ類、フジなど）、たんぽぽの種もよい
- ガラスドームとキャップ、またはガラスびん（アクセサリー用）
- チェーン、ひも
- ピンセット
- 接着剤
- 新聞紙

木の見つけ方

モミジ類は公園などに植えられている。フジ棚の下で、フジの未熟な実をさがす。毛の光沢がきれい。

あそび方

1 拾った未熟なモミジの実、フジのさやなどを本や新聞紙ではさんで押し葉（実）にする。

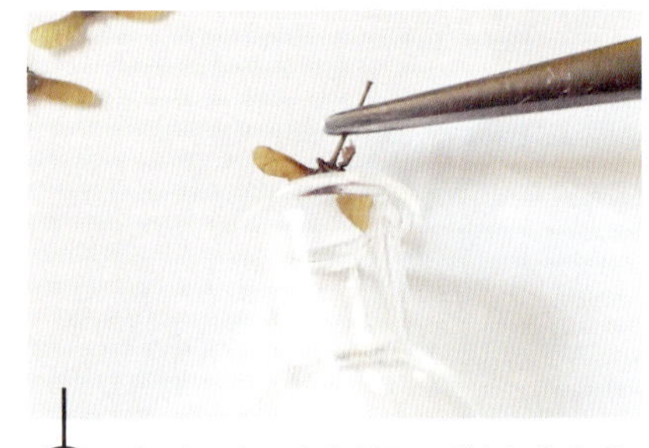

2 ピンセットで実をガラスびんに入れる。種はこわれやすいので慎重に。

3 接着剤などでふたを取りつけ、チェーンやひもをつけてペンダントにする。

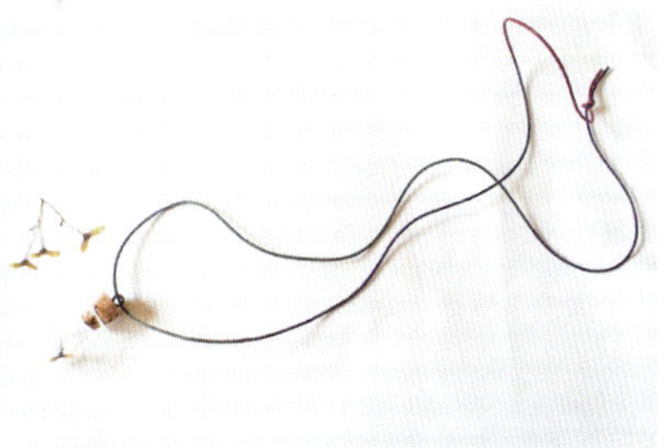

ノムラカエデ

NOTE 実が落ちるのは春の半ばから終わり。ガラスドームはやや大きめのサイズで、実が入るものを選ぶ。乾いた実は入れるときこわれやすいので、たくさん用意する。

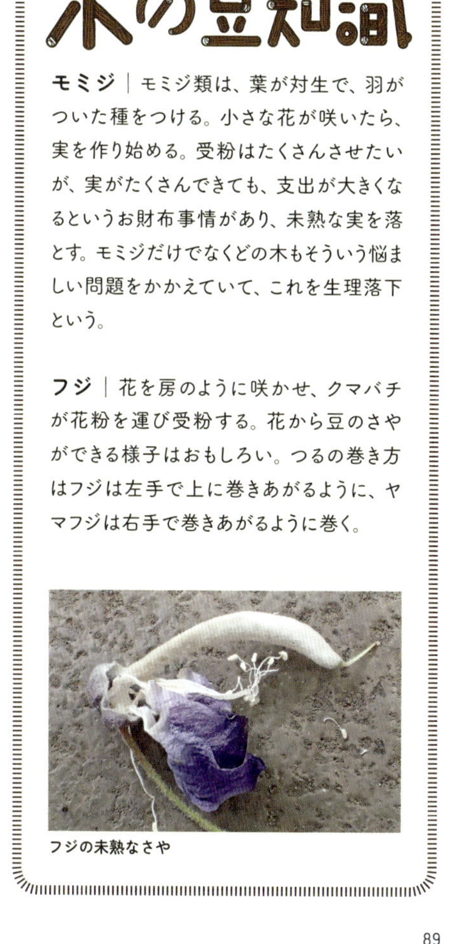

木の豆知識

モミジ｜モミジ類は、葉が対生で、羽がついた種をつける。小さな花が咲いたら、実を作り始める。受粉はたくさんさせたいが、実がたくさんできても、支出が大きくなるというお財布事情があり、未熟な実を落とす。モミジだけでなくどの木もそういう悩ましい問題をかかえていて、これを生理落下という。

フジ｜花を房のように咲かせ、クマバチが花粉を運び受粉する。花から豆のさやができる様子はおもしろい。つるの巻き方はフジは左手で上に巻きあがるように、ヤマフジは右手で巻きあがるように巻く。

フジの未熟なさや

クラフト 12 大人と一緒

割りばしも縁起よく変身

ナンテンで割りばし染め

ナンテンは「難を転じて福となす」と言われ、縁起がよい木。ナンテンの黄色で、割りばしをラッキーアイテムにしよう。

あそべる季節　春　夏　秋　冬

難しさ　●●●○○

用意するもの

- ナンテンの枝（長さ1mくらい1本）
- 割りばし
- 剪定ばさみ
- ホーロー鍋
- 水

木の見つけ方

庭などに植えられている。ナンテンは放っておくと株わかれして増えるので、比較的もらいやすい。頼んで1本もらう。

あそび方

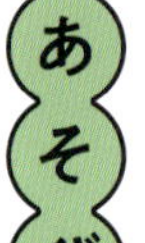

1 ナンテンの枝は葉をとり、茎だけにする。

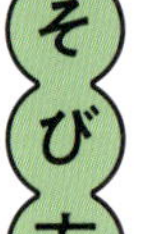

2 はさみで5〜10cmぐらいの長さに適当に切る。

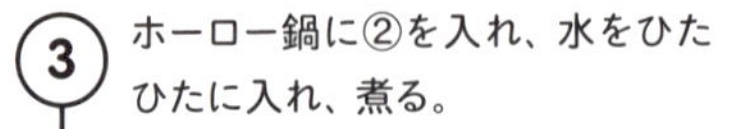

3 ホーロー鍋に②を入れ、水をひたひたに入れ、煮る。

4 黄色い色がでてきたら火を止め、茎を取り出す。

5 ④の鍋に割りばしを入れて、一度ふっとうさせ、さめるまでおくと黄色い割りばしのできあがり。

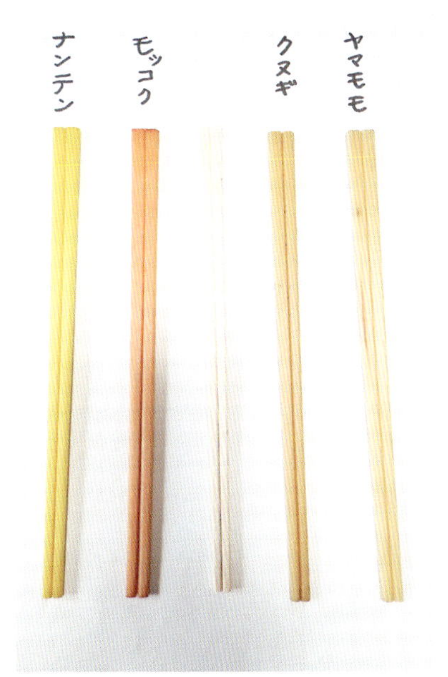

色々な木での染まり具合

NOTE ナンテンの枝は皮をむくと鮮やかな黄色い樹皮が見られる。割りばしが入らない小さな鍋しかない場合は、④の液と割りばしをポリ袋に入れ密封し、一晩おけば染まる。布も染められるが、媒染剤（鉄やアルミなど）が必要。

木の豆知識

ナンテン ｜ 中国原産、東北より南に植えられる。太くなる前にどんどん下から新しい芽が出て、広がる。ナンテンの材ではしも作られるが黄色ではない。初夏に白い花が咲き、晩秋に赤い実がなる。

木のコラム④

はかないアクセサリー（修理必須）

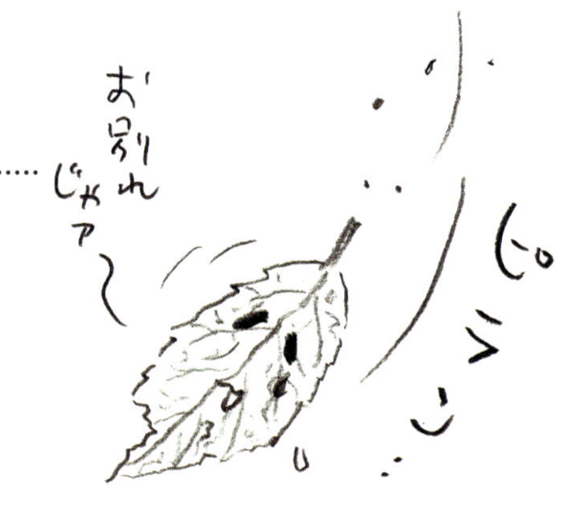

ネコヤナギイヤリング

春のほんの一瞬のふわふわを1年中楽しんじゃおう。河原にたくさんはえていることもあるネコヤナギは、庭にも植えられる。ネコヤナギの花芽を取り、1〜2日乾かして、樹脂イヤリングの台座に接着剤をつけてはりつける。接着剤は木工用ボンド等、透明になるものがよい。セメダインだと接着力が弱い。使っていると外れてしまうこともあるので、外れたらまたつける。

ネコヤナギとバッコヤナギをかけあわせたアカメヤナギは、花芽が大きくて華やか。ピンクネコヤナギは、赤っぽいが、乾かすと灰色になる（→72P）。

葉脈イヤリング

葉脈の美しさを身に着けよう。葉脈だけの葉（→54P）を押し葉にしたものをラミネート加工して、イヤリングにすることもできる。葉脈をレジン（樹脂）で固めてもオシャレ。文化祭などで生物部がヒイラギで葉脈標本を作ることがあるので、参加して作るのも手。

押し葉イヤリング

紅葉した落ち葉などを押し葉にして、ラミネート加工して穴をあけ　イヤリングをつける。虫食いの葉が意外とかわいい。

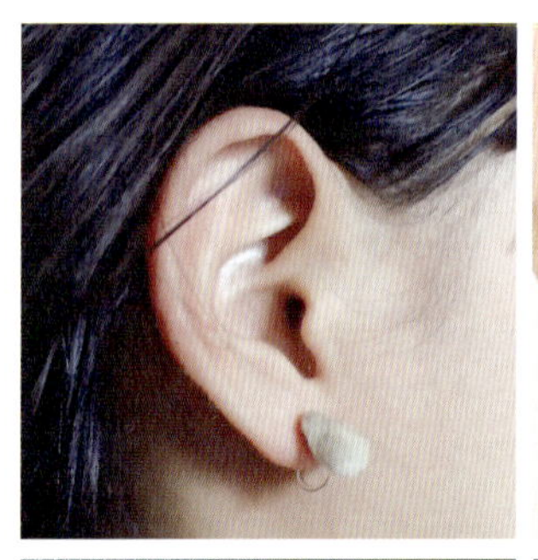

食

食

1

大人と一緒

ブドウ1つぶからできる

魔女ジュース（ブドウサイダー）

くだものの皮にはたくさんの酵母（イースト）菌がついている。酵母の力でサイダーを作ろう。発酵が進むとサイダーの糖がアルコールに変わり、ワインになるので注意が必要！

あそべる季節　春　夏　秋　冬

難しさ

用意するもの

- ヤマブドウ、エビヅルなどの実（数粒）、植えられているブドウ・買ってきたブドウでもできなくはない
- ブドウかリンゴジュース（500mlのペットボトルのもの）

木の見つけ方

フェンスにつるをからませている庭など。道にエビヅルなど野生のブドウがあることもある。山では大きな葉のヤマブドウがあれば、その下で実を拾えるかもしれない。

① 農薬などまかれていないブドウの実を数粒用意し、洗う。

② ジュースをペットボトルの1/6ぐらいに減らし、①の実をペットボトルに入れる（甘いジュースならなんでも、砂糖水でも作ることができるが、ブドウかリンゴジュースが作りやすい）。

3

ふたを閉めて室温に置き、1日1回シェイクし、ふたを開けてにおいを確かめる。気温が高いと急激に発酵するので、ふきこぼれることもある。そんなときは少しずつふたをゆるめる。ふたを開けるとき、サイダーのように「プシュッ」といったらできあがり。

4

冷蔵庫に入れて発酵をおさえ、冷やして飲む。甘く、炭酸を感じたら成功。

5

少し残しておいて、新しいジュースに加えるとまた発酵する。はじめのブドウは入れない。いろんなジュースで試せる。

ブドウの実

NOTE 気温が高いとすぐに発酵するが、低いと3～5日かかる。酵母菌は糖を分解するので、発酵が進むとワインになり甘くなくなる。さらに発酵が進むと酢になる。最初の味見は大人がして、アルコールを感じたら子どもには飲ませない。できたジュースは早めに飲むようにする。へんなにおいがしたら絶対に飲まない。息子に「お母さんのあのジュースだけは、うまかったなぁ」とまで言わしめたおふくろの味でもある。

木の豆知識

ヤマブドウ｜山で見る雌雄別々の木で、雌の木にしか実はならない。大きな葉のついたつるで他の木にからまっているので、みつけやすいが雌の木とはかぎらない。実がなっているのは高い場所が多いので、落ちている実をひろう。

エビヅル｜都会でもたまに見かける野生のぶどうで、黒く熟した実は生でたべるとしぶい。葉裏に毛があり、林縁などによくはえている。くだものの種類によりつく酵母も違い、味が変わってくる。

エビヅル

食

2

大人と一緒

昔のホイルやラップ

ホオの葉でバーベキュー（みそ焼き）

ホットプレートでなんちゃって朴葉焼き。葉でくるむと蒸し焼きになるよ。

あそべる季節 春 夏 秋 冬

難しさ

用意するもの

- ホオノキの葉（4枚ぐらい）
- 豚肉
- みそ
- みりん
- ホットプレート
- キッチンペーパー
- アルミホイル

木の見つけ方

主に公園などに植えられる。葉が大きい木をさがす。

あそび方

① みそとみりんなどを混ぜ、豚肉に味付けしておく。ホオノキの葉を洗い、キッチンペーパーなどで水気を取っておく。

② ホオノキの葉を、ホットプレートにしき、①の肉をのせ、その上に葉でふたをする。

③ ホットプレートを加熱し、たまに葉のふたを取り、様子を見ながら焼く。アルミホイルを葉の下にしくとそのまま皿にのせやすい。

NOTE 葉の香りは緑の葉でもあまりせず、料理に影響しない。落ち葉でもきれいに洗えば使える。他に皿やラップのように使われた葉は、カシワ、カキノキ、イイギリ、アオキなどがある。

カシワの皿にカレーライスをもったら、ウチの子どもらは慣れきっていて何も言わず食う

木の豆知識

ホオノキ｜九州から北海道までに分布する日本産樹木。ホオノキの葉は大きく長さは40cm前後。この葉はホオ葉みそ、ホオ葉焼き、ご飯を盛る食器などに使われる。葉っぱに穴をあけて、お面にすることもできる。冬芽はまるで筆のよう。

↑ホオノキの花

ホオノキの芽吹き

食
3
大人と一緒

シナモンの香りただよう

ニッケイの葉っぱ蒸しパン

蒸している間のシナモンの香りがたまらない。葉にのせてつくる蒸しパン。

あそべる季節
春　夏　秋　冬

難しさ

用意するもの

・ニッケイの葉（10枚ぐらい）
・ホットケーキミックス
・牛乳
・卵
・レーズンなど
・蒸し器

木の見つけ方

九州などの暖かい地方ではよく庭に植えられる。公園などにまれに植えられるが、関東ではあまり元気がない。

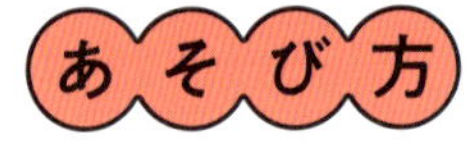

①

ニッケイの葉を洗い、水けをふきとる。このときはニッケイの葉だけでなく、ヤブニッケイの葉（写真内右）でも試した。やはりヤブニッケイの香りは少し弱かった。

② ホットケーキミックスに牛乳と卵（ホットケーキを作る分量）を入れかきまぜる。

③ ①の葉の上に②の生地をスプーンでのせ、お好みでレーズンをかざる。9～10こぐらいできる。

④ 蒸し器で20分ぐらい蒸す。はしをさして生地がつかなければできあがり。

NOTE バニラの香りが強いホットケーキミックスではシナモンの香りがあまり感じられなかったりする。シナモンの香りを感じたい場合は、ホットケーキミックスを使わないで、薄力粉100g、ベーキングパウダー小さじ1、卵1、牛乳50ml、砂糖20gで作る（レシピはお好みで）。

木の豆知識

ニッケイ｜中国南部・インド原産の木。シナモンの木。根の皮がシナモンスティックになる。紅茶やお菓子、カレーなどに使われる。葉はクスノキと同じく葉脈が3つに分かれ、ちぎるとよい香りがする。日本原産のヤブニッケイもあるが、ニッケイより香りが弱い。

食
4
大人と一緒

花の形がかわいすぎる

キンモクセイシロップ

オレンジ色の小さな花を集めて作ったシロップは、ヨーグルトや杏仁豆腐に合う。花をつんだらすぐ作ろう。

あそべる季節 春 夏 **秋** 冬

難しさ 🌳🌳🌳

用意するもの

- キンモクセイの花50g
- ザル
- ボウル
- 砂糖300g
- 水300ml
- ホーロー鍋
- 保存用びん

木の見つけ方

秋によい香りの花を咲かせる。庭や公園、学校、寺社などに植えられる。庭に植えている人は割といるので、花が咲いた時期に花を取らせてもらう。

あそび方

1 キンモクセイの花を集める。できるだけ柄が入らないように花をつむ。

2 つんだ花をザルに入れてごみをとり、水を入れたボウルにうつし、やさしくまぜて洗う。

3 ボウルの底にゴミが沈むので、ういた花を手ですくってザルにうつし、水けを切る。

④ ホーロー鍋に水と砂糖を入れて火にかけ、ふつふつしてきたら③の水切りした花を入れる。

ダメ

GOOD

⑤ ふつふつしたら弱火にして５分煮て火をとめ、人肌にさましてできあがり。

⑥ びんで保存するときは、びんを煮沸消毒し、⑤をふっとうさせない程度に熱を入れてびん詰めする。

NOTE 花を集める間、蚊がくるので虫よけが必要。花をぐつぐつ煮ると香りは飛んでしまう。パウンドケーキに入れると香りは弱くなる。シロップを水や炭酸でわって飲んでもよいが、干した花をそのままほうじ茶などに入れたほうが香りがよい。

木の豆知識

キンモクセイ｜雄の木しかなく、花は雄花で実はならない。似ているギンモクセイとウスギモクセイは実がなる。ギンモクセイは白い花を咲かせ、キンモクセイより香りは弱い。ウスギモクセイの花は卵色。キンモクセイはウスギモクセイの突然変異かもしれないといわれている。

食

5

大人と一緒

すっぱいナシリンゴウメ味

カリンパイ

カリンの実はかたくて食べられないが、ジャムは強烈に甘ずっぱい濃い味。お菓子作りに最適。

あそべる季節
春　夏　秋　冬

難しさ

用意するもの

- カリン数個
- 砂糖（カリンの種を取り皮をむいた重量の40%）
- 圧力鍋
- 冷凍パイシート
- パイ皿または耐熱容器
- 卵黄

木の見つけ方

主に公園、学校、庭に植えられている。夏から秋にかけて大きな実がぶら下がる。カリンは加工しないと食べられないので、庭に植えているお家では持て余している人も多く、比較的わけてもらいやすい実だと思う。

① 香りのよい黄色いカリンの実を洗う。実がまだ未熟で香りがしなかったら、部屋におき、香りが出るまで待つ。

② たっぷりのお湯でカリンの実をゆで、傷んだところなどを取り除き、皮をむいて種を取り、厚めのいちょう切りにする。

③ ②のカリンの重さをはかり、その重量の40%の砂糖を用意する。鍋にカリンを入れ、砂糖をふりかけ、水が少し出てくるまで30分ぐらい置おく。

④ 水が出てきたら圧力鍋で煮る。実の色がオレンジ色に変化すれば、カリンジャムの出来上がり。

⑤ パイ皿または耐熱容器に合わせて伸ばしたパイシートに④のジャムを入れ、パイシートでふたをし、卵黄をぬる。200℃に予熱したオーブンで20～30分焼く。

NOTE カリンはとてもかたい実なので、切るときは注意が必要。少しゆでてから切るとよい。カリンジャムはパイ以外にも、チョコでコーティングしてもかなりおいしい。

木の豆知識

カリン｜中国原産のカリンは、とてもかたい黄色い実がなり、よい香りがする。花もピンクでかわいい。樹皮はまだらにむけて迷彩色のよう。似た木にマルメロがあるが、実に毛がはえている。マルメロもおいしいジャムなどになる。

食
6
大人と一緒

縁起のよいお茶

サクラ茶

サクラ茶はめでたいときに飲むお茶。ふつう八重桜で作るけど、ソメイヨシノでもできる。味はさておき、インスタ映えする一品。

あそべる季節：春 夏 秋 冬

難しさ：3

用意するもの

- 柄付きのサクラの花
- 塩（花の重さの20%ぐらい）
- 白梅酢または梅酢
- ポリ袋
- ザル
- 保存袋

木の見つけ方

公園や寺社、学校、街路に植えられる。花を取っても木の元気がなくなることはない。枝葉をとるのは木の健康にかかわる。サクラを育てている人に頼んで、取らせてもらう。小さな木でも割と咲く。

あそび方

1. 花は開き切ってないものを柄付きでつむ。
2. 花を水洗いして水を切り、ポリ袋に入れて塩をまぶし、軽くにぎって空気を抜き、冷蔵庫で保存する。入れていることを忘れないように。

③ 5〜6日で水が上がってきたら、水をしぼり、水をきった花をほぐしポリ袋に入れ、白梅酢（または梅酢）をまわしかけ、なじませて袋の空気を抜いてとじ、冷蔵庫で約1週間おく。

④ ピンク色になったら、しぼった桜梅酢は調味料にし、サクラはザルに広げ陰干しする。

八重咲きのサクラ

⑤ 桜が乾いたらできあがり。保存袋に入れて保存。

⑥ サクラ茶は花1〜2輪をお湯で軽くすすぎ、湯飲みに入れ、お湯をそそぎ、むらして飲む。

NOTE サクラ類ならどれでもできるが、八重桜は花びらが多いので華やか。緑色の花びらのサクラもあるが、サクラと思われないかも。サクラの塩漬けはケーキやちらし寿司にも使える。ソメイヨシノは早めに使い切るほうがよい。

木の豆知識

ソメイヨシノ｜ソメイヨシノはクローンで、遺伝子はどの木も全く一緒なので、サクラ前線など指標とされる。枝を接ぎ木して増やし、実はあまりならない。実がなったとしても、その種から育った花はソメイヨシノとは異なる花が咲く。

八重桜｜八重桜にはいろいろな品種がある。八重の花は、雄しべなどが変化して花びらになった品種なので、実は普通ならない。なので花をつむことで実を作る邪魔になることはない。また、花では光合成をしないので花を取って木の健康が損なわれることもない。甘い香りはクマリンなどの成分で、葉の塩漬けも同じ香り。

食

7

大人と一緒

どんぐり界のイモ

マテバシイのどんぐりみそ

「昔はどんぐりでみそを作ったものだ」と聞き、挑戦。普通にみそ。みそ汁は一晩たつとピンクになるが、味は落ちる。

あそべる季節 春 夏 秋 冬

難しさ

用意するもの

- マテバシイの実（1kgぐらい）
- 新聞紙
- かなづちまたはペンチ
- 水
- ザル
- 麹（200g）
- 塩（煮たマテバシイと麹の総量の11%と重し用に1kg袋）
- 圧力鍋
- ボウル
- マッシャー
- 保存容器

木の見つけ方

公園や街路樹、学校などにも植えられることが多い。強く剪定される街路樹はあまり実をつけない。どんぐりのなる木はたくさんあるが、マテバシイは常緑木で、どんぐりが柄にいくつかならんでつくのが特徴。

あそび方

1 マテバシイの実（どんぐり）をたくさんひろい、洗ってビニールに入れ、割って仕込む時間がとれるまで保冷室に入れる（保冷室で少し甘くなる）。

2 新聞紙を広げ、かなづちやペンチで実を割る。

3 圧力鍋に割った実を入れ、ひたひたの水を入れて煮る。

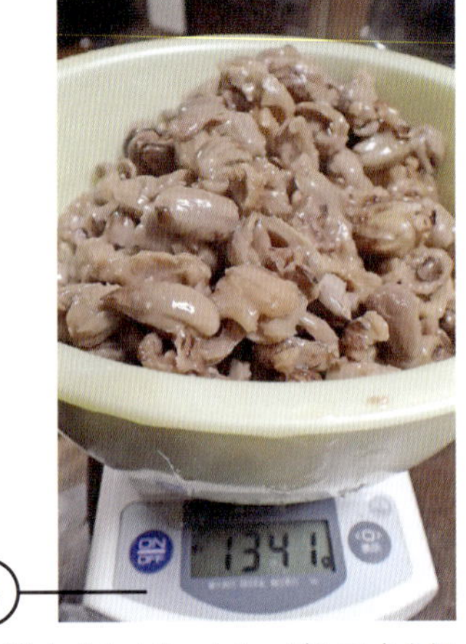

4 実がやわらかくなったら、ザルで水を切り、重さをはかる（このときは実1341g＋麹200g＝1541g、塩は全体の11%で170g用意）。

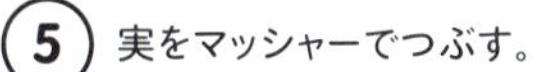

5 実をマッシャーでつぶす。

6 ⑤に④で計算した塩と麹を混ぜる。

7 熱湯消毒した保存容器に空気が入らないように⑥をつめ、上に少し塩（分量外）をふりかけ、ラップをしき、一回り小さい保存容器のふたをのせ、上から塩の袋をのせ重しをして保存する。

8 水があがってきたら（たまり醤油）、水をとり、寒い場所で保存する。3カ月ぐらいから食べられる。

NOTE みそを仕込むのは寒い時季がよいが、暖かい時季は保存容器を冷蔵庫に入れる。部屋が暖かい場合も冷蔵庫がよい。韓国ではどんぐり粉を売っており、どんぐりみそも粉末で作る方法がある。以前私はクヌギ・コナラのどんぐりであくを抜いてみそを作ったが、煮てもつぶれず、真っ黒なみそができ、クマの調査をしている人に「香りといい、色といいつやといい、まるでクマ糞」と言われた。しかし、マテバシイみそはクマ糞という人はおらず、それどころか「みその味しかしない。どんぐりはどこ？」という存在感のなさであった。

木の豆知識

マテバシイ ｜ マテバシイのもともとの故郷は暖かい沿岸地域（紀伊半島、房総半島の先端、四国、九州、西南諸島）だが、街ではいろいろな場所に植えられる。葉をムラサキツバメというチョウの幼虫が食べ、マテバシイについてきて北まで分布を広げる。ムラサキツバメの幼虫と共生するアリが群がっているのがよく見られる。

食

8

大人と一緒

絶対食べるという執念が必要

トチ餅

トチの実はそのままでは食べられない。あく抜きをしてモチにする。スモーキーな滋味深いお味をご堪能あれ。

あそべる季節：春　夏　**秋**　**冬**

難しさ：🌳🌳🌳🌳🌳

用意するもの

- トチノキの実
- 鍋
- 包丁
- ボウル
- さらすための水
- 木灰
- ザル
- 餅つき機
- もち米
- あんこ
- もちとり粉

木の見つけ方

公園や街路樹などに植えられる。実がついている木は黄葉が他より早い。街路樹のトチノキは強い剪定をされるのであまり実をつけない。大きく枝を伸ばせる木は実をつける。

あそび方

1. トチノキの実を湯につけて、皮をむく。ここで決してゆでない（ゆでると水でさらすときにくずれてなくなる）。秩父では石で軽くたたいで皮をむいていたが、今回は包丁でむいた。
2. むいた実を天日で乾かす。

3. かちかちに乾いたら、実を水にさらす。流水でなくても、ボウルに実と水を入れ、１日２～３回水をかえる。
4. 少なくとも２週間は③の水をかえる。

5. 実をほんの少しかじり（味見したら吐きだす）、いやじゃないぐらいの苦さになったら、ザルに上げ、重さをはかる。実の重さの半分ぐらいの木灰をふるっておく。

6. ホーロー鍋かステンレス鍋に実を入れ、水をひたひたに入れ、火にかける。

7 ⑥がふつふつしたらふるった木灰を入れ、火をとめ、一晩おく。

8 ⑦をザルにあげ、灰を洗い、ボウルに洗った実と水を入れさらす。ほんのちょっとかじり、灰のビリビリする味がしたら吐きだし、実を水にさらす。水は1日に数回かえ、あまり長くはさらさない。苦さなどが消えたら成功。

9 餅つき機に水、もち米、⑧のトチの実を入れ、餅をつく（もち米とトチの実の割合は2：1が実を感じられてよい）。

10 ついている間にあんこをまるめておき、もちとり粉を準備しておく。つきあがったトチ餅を粉をつけた手で手早くちぎり、あんこをくるんでできあがり。

木の豆知識

トチノキ｜トチノキの冬芽は上から見たら四角形で、ネバネバしている。外国のトチノキは粘つかない。花からはハチミツが取れる。受粉が終わった花は中の色が変わり「もうないよ」と虫に教えている。トチの実はそのまま食べると怖ろしく苦くてまずい。

NOTE とても手間がかかるので、前年に実をむいて乾かすまでやって保存し、翌年の冬からあく抜きをしてもよい。あくを抜いたトチの実は冷凍保存できるので、餅をつくタイミングで解凍して一緒につく。解凍時に実が再びビリビリするような味になっていたら水にさらす。暖かい場所で水をかえるあく抜きをすると、腐ることもあるので、できるだけ冬、寒いところでやる。灰はコナラなどの広葉樹の灰が理想だが、針葉樹などが入っても、あとでさらせばおいしくできる。灰は薪ストーブを使っているおうち、田舎の民宿などに分けてもらう（紙ゴミなどを燃やしてない灰をもらう）、茶道用としてネットでも売っている。

木のコラム⑤

味はコーヒーよりお茶っぽい?――昔のコーヒー代用品

コーヒーというより玄米茶

ドングリコーヒー

〈材料〉
マテバシイの実
〈作り方〉
①どんぐりを洗い、どんぐりの殻を割る。
②①をミルでひき、フライパンで茶色になるまで炒る。
③②の粉をお茶パックに入れ、お湯で数分煮出す。

マテバシイのどんぐりは実るまで2年弱かかる。あくのほとんどないどんぐり。柄につらなって実り、殻がかたい。昔、ドイツには植民地がなかったため、コーヒー豆が手に入らず、ドングリ(マテバシイではない)のコーヒーが作られたようだ。

ベリーな香り

トウネズコーヒー

〈材料〉
トウネズミモチの実
〈作り方〉
① 実をよく洗い、1~2回ゆでこぼす。
②①の実をザルに入れて天日で干す。
③干した実をフライパンで炒り、ミルでひき、お茶パックに入れる。
④ポットに③を入れお湯をそそぎ、黒い色が出てきたらできあがり。

最初は苦くなく、干しブドウのように甘い。その液でトウネズゼリーを作ってもおいしい。煮出したり、お湯につけて時間がたつと苦みが出る。

やっぱりガンジス川?

アオギリコーヒー

〈材料〉
アオギリの実
〈作り方〉
① 実をよく洗って、すぐつぶれてしまうものは取りのぞく。
②①をザルに入れ、天日に干す。
③ ②をフライパンで炒って、ミルでひき、お茶パックに入れ、数分煮出す。

いい香りはするが見かけが透明度ゼロの「ガンジス川」のような飲み物。コーヒーの色には程遠く、味はアーモンドっぽい豆の煮汁。しかし割と好きという人は多かった。

あとがき

私は観察会や学校の出前授業などやっていますが、「木」というだけではいまいち魅力がありません。それどころか「つまんない長い話を聞かされる」と嫌がる人もいます。もうお決まりの解説にうんざりしているのです。ほとんどの子どもは樹木に対して興味などないわけで、なんとか初めに興味を持ってもらう仕掛けが必要です。あっと驚かせる「つかみ」がうまくいけば、後は独壇場。びっくりするほど集中してくれます。なにより私自身がワクワクしたことを子どもたちに伝えたくて、この本では子どもが喜びそうなネタをまとめました。本当は「木はおもしろい」ってことが伝わればうれしいです。

私の奇行にずっと付き合ってきた私の子どもたちは、小さい頃からこんなことをやってきましたが、特に木が好きというわけではありません。しかしこんな親でも（だから？）グレることなく、仲良くやっています。ともあれ子どもたち・友人家族・妹には、本書の写真のモデルになってもらって大感謝です。私の怪しい料理を食し、感想を下さった家族、みどりのお医者さん会員の皆様、いろいろなネタを提供してくれた玉置真理子氏・安達菜々氏、トチ餅を教えて下さった山中菊恵氏、素材を提供してくださった近所の方々、狭山市都市緑化植物園様、（社）街の木ものづくりネットワーク様、そして、本書のかわいい絵を書いて下さったロビン西氏、おしゃれな本に仕立てて下さったアートディレクターの大岡寛典氏とデザインの平松るい氏、私のごちゃごちゃを形にして下さった編集の山本浩史氏、葉脈だけ残して食べて下さったダンゴムシ、発酵して下さった麹菌、枝葉を下さった木々、皆様へ感謝がとまりません。どうもありがとうございました。

2018年初夏　岩谷美苗

岩谷美苗（いわたに・みなえ）

1967年、島根県の兼業農家に生まれる。小さい頃から薪割り、風呂焚き、牛の世話……は気が向いたら手伝い、牛の堆肥で柿渋を抜くのを見てカキが嫌いになり、家で編み物や本を読む内向的な幼少期を過ごす。東京学芸大学入学を機に上京。探検部に入部したことで野生の本能がめざめ、山に入り浸ってキノコにはまる。大学卒業後、森林インストラクター第一期の試験に合格し、たまたま女性初の森林インストラクターとなる。味をしめて樹木医の試験も受け、1998年、樹木医に。2000年、調子にのって「NPO法人樹木生態研究会」を設立し、現在、窓際理事。かろうじて結婚し、大きな子2人に見下されている。講演・授業等を多数やっているが、いつも講師と思われない。木で笑いが取れたら幸せ。「街の木らぼ」代表。

著書に『図解樹木の診断と手当』（堀大才と共著・農文協）、『街の木ウォッチング』（学芸大出版会）、『散歩が楽しくなる　樹の手帳』（東京書籍）ほか。『街の木ウォッチング』は、全国学校図書館協議会・第50回（2017年）夏休みの本（緑陰図書）、中学校の部に選定。

ブログ街の木コレクション｜http://machinoki.blog100.fc2.com/

子どもと　木であそぶ

樹木医が教える「木あそび」ガイド

2018年8月3日　第1刷発行

［著　　者］岩谷美苗
［発 行 者］千石雅仁
［発 行 所］東京書籍株式会社
東京都北区堀船2-17-1　〒114-8524
［電　　話］03-5390-7531（営業）
03-5390-7508（編集）
［印刷・製本］図書印刷株式会社

［イラスト］ロビン西
［ブックデザイン］大岡寛典、平松るい（大岡寛典事務所）
［編　　集］山本浩史（東京書籍）
［写真撮影］著者

ISBN978-4-487-81133-5 C0045